未读 | 探索家

UNREAD

目瞪口呆看智人

sapiens À L'ŒIL NU

[法] 弗朗索瓦·邦 著
François Bon
[法] 奥罗拉·卡雅斯 绘
Aurore Callias
西希 译

天津出版传媒集团
天津科学技术出版社

著作权合同登记号：图字 02-2021-248
Originally published in France as:
Sapiens à l'oeil nu by François Bon, Illustrated by Aurore Callias

Current Chinese translation rights arranged through Divas International, Paris
巴黎迪法国际版权代理 (www.divas-books.com)

图书在版编目（CIP）数据

目瞪口呆看智人 / (法) 弗朗索瓦·邦著；(法) 奥罗拉·卡雅斯绘；西希译. -- 天津：天津科学技术出版社，2022.3
ISBN 978-7-5576-9840-9

Ⅰ. ①目… Ⅱ. ①弗… ②奥… ③西… Ⅲ. ①人类进化－历史－普及读物 Ⅳ. ①Q981.1-49

中国版本图书馆CIP数据核字(2022)第022142号

审图号：GS（2022）99号

目瞪口呆看智人
MUDENGKOUDAI KAN ZHIREN
选题策划：联合天际·边建强
责任编辑：刘　磊
出　　版：天津出版传媒集团
天津科学技术出版社
地　　址：天津市西康路35号
邮　　编：300051
电　　话：（022）23332695
网　　址：www.tjkjcbs.com.cn
发　　行：未读（天津）文化传媒有限公司
印　　刷：北京雅图新世纪印刷科技有限公司

开本 710 × 1000　　1/16　　印张 10.5　　字数 127 000
2022年3月第1版第1次印刷
定价：49.80元

关注未读好书

未读 CLUB
会员服务平台

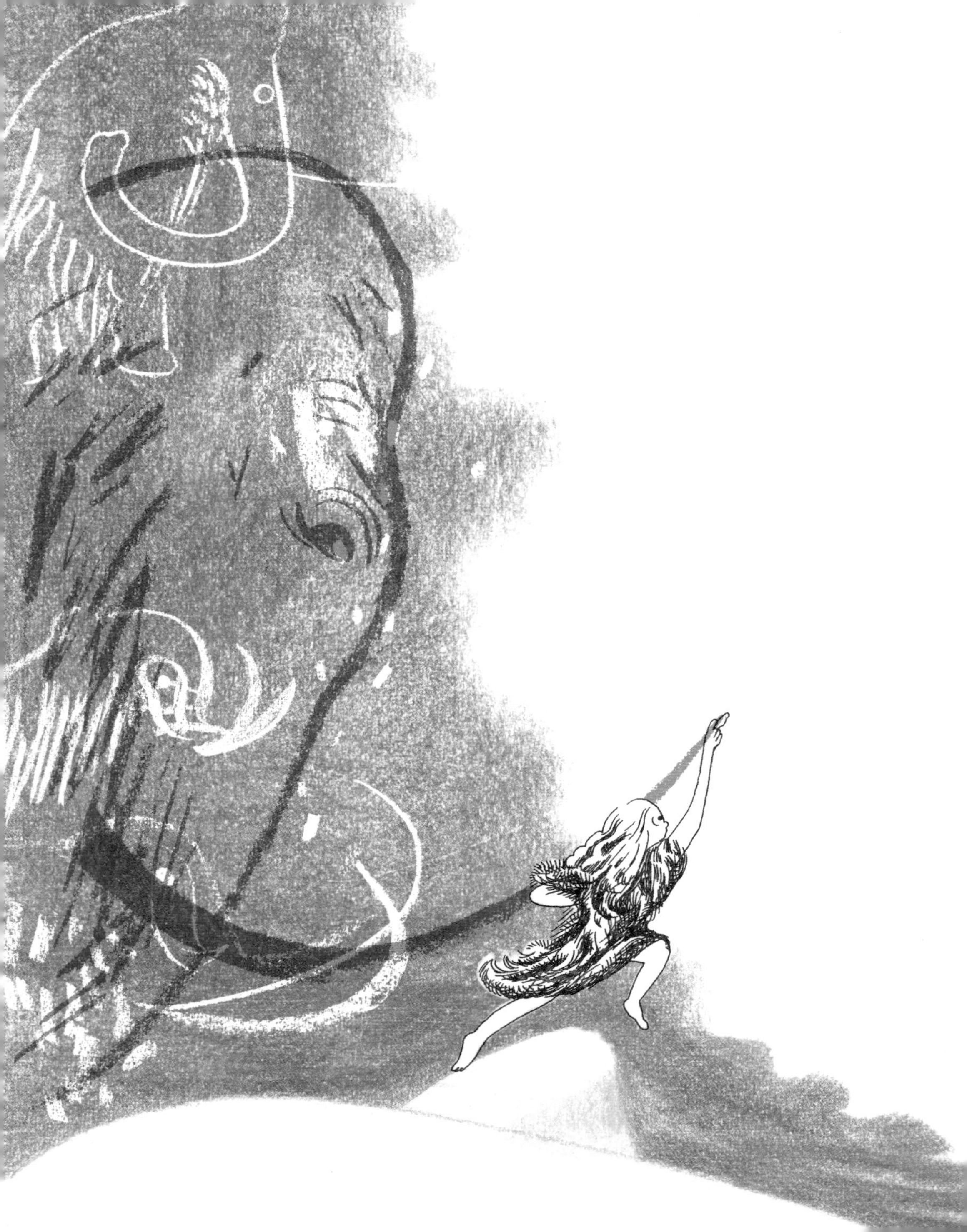

镜中的智人

显然，尼安德特人更令人着迷，更不可捉摸。很多人痴迷于这消失在更新世冰川中的可爱而珍贵的物种。他们遥不可及，又仿佛近在身旁，散发着神秘的气息。他们如何生，又如何死？从某种意义上说，相比之下，智人就乏味许多。可能你自认为已经对智人足够了解，但事实并不完全如你想的那样。

这天清晨，你在浴室里照镜子，与镜中之人目光相接。这目光来自谁？不过是与你我一样的智人罢了。然而，如果说长久以来智人一直是人类活动的唯一主角，那这究竟是从何时开始，又是如何实现的呢？为什么是他们，为什么是我们？这一切都因为，智人已经走过了很长的一段路。远在征服月球之前，身为旧石器时代之子，这些还装备着石质和骨质器具的狩猎－采集者就已经懂得追随祖先（以直立人为代表）迁徙的脚步，渐渐扩散到每一块大陆，直到最终占领了地球上的大部分地区。起源于非洲的智人赋予自己向全球扩张的使命，现代人类由此诞生。

从生物学的角度来看，智人的确跨入了现代人的行列，从行为学角度看也是如此，而这一点或许更为重要。他们在史前时代的创造让我们相信，千万年来，虽然社会不断演进更迭，但社会活动的主角始终是同一种人。他们跨越了史前史，也跨越了人类的历史。本书涉及的是生活在史前的人类。通过一系列简短扼要的分析（智人的起源、种群动态分布、思想表现、智人初创的社会形态……），身为其直系后裔的我们将回溯这些人类种群的生活轨迹。

不要畏惧时光漫长，不要担心时间坐标稍显抽象，书中穿插的对话和对关键概念的解释将伴随你阅读始终。请记住你是智人，这千真万确！数千年的进化恰好选中了我们，因为我们不仅具有智慧，更心怀好奇。

旧石器时代和更新世

旧石器时代是史前第一个也是最长的时期。彼时，人类完全由狩猎－采集者组成。旧石器时代始于约250万年前第一种人属动物——能人的出现，智人的出现和扩张也发生在这一时期，距今约250万至30万年前，中间伴随着其他人属动物的衰落。它与地质学上的更新世差不多处于同一时期。更新世是第四纪的第一世，涵盖距今200万至1万年前这段时间。

灵长目动物
(Primate)

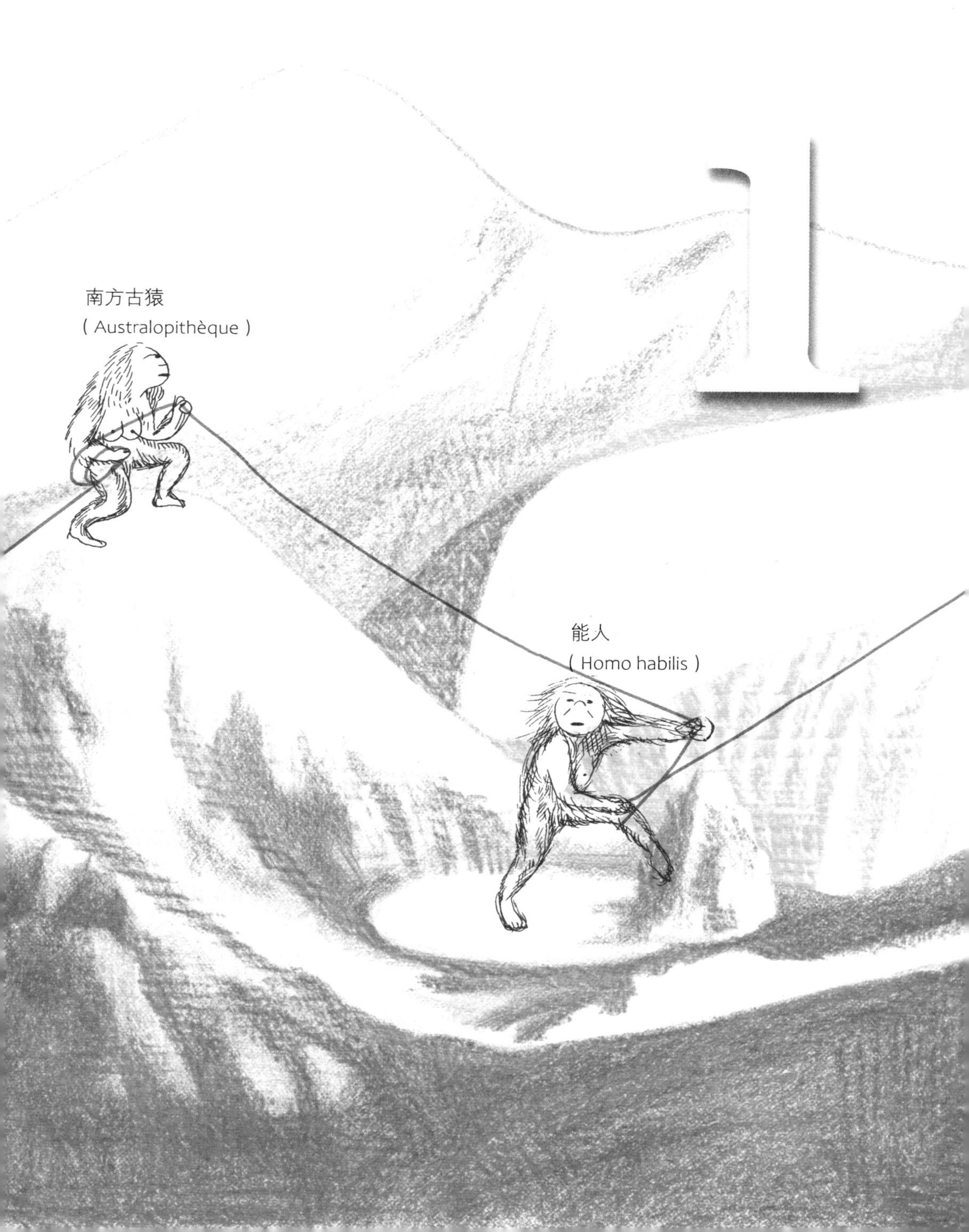
1
南方古猿
（Australopithèque）
能人
（Homo habilis）

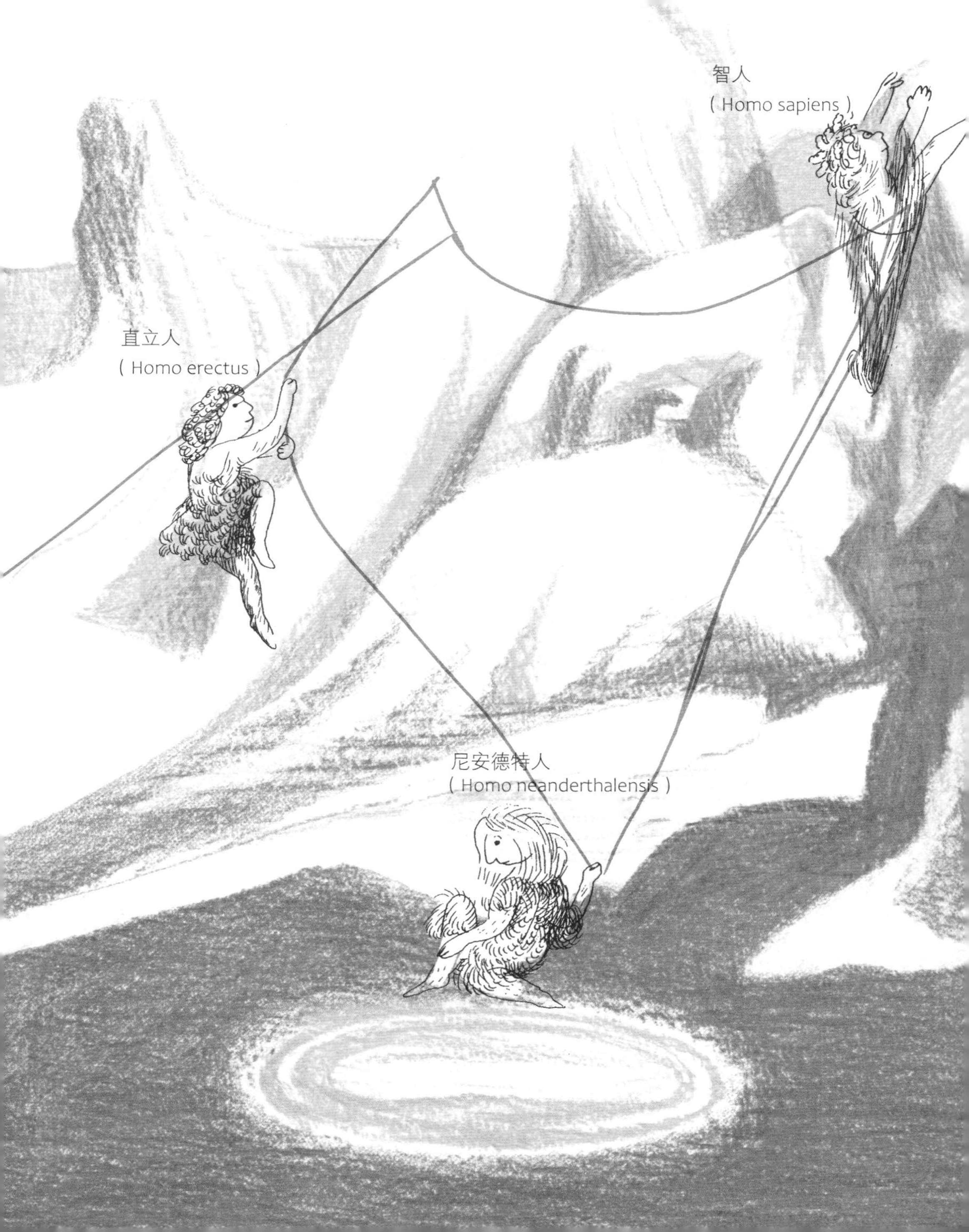
智人
（Homo sapiens）
直立人
（Homo erectus）
尼安德特人
（Homo neanderthalensis）

1 人类进化链上的最后一环

提到克罗马农人（Cro-Magnon），人们会把他们想象成毛发蓬乱、粗野不羁、说话时费力地发出音节、声音近乎低吼的生物。简而言之，他们是一群双脚站立在远古沼泽里的粗笨家伙。要是有人告诉你，正是他们绘制了拉斯科洞窟的壁画，你一定不敢相信自己的耳朵。但你很快就会意识到，跟我们同为智人的克罗马农人，要比看上去讲究得多，无论如何都没有那么天真幼稚。

智人创造了大洋洲原住民和美洲印第安人？

智人来自何处？他们就像是从月亮上掉下来的。第一批来到大洋洲的智人也是如此，他们沿着连接印度尼西亚和这片大陆的一连串岛屿前行，逐渐靠近大洋洲，终于在某一天登上这片土地。由于年代太过久远，确切日期已不可考证，大约在6万或5万年前。当然，他们无法踏遍眼前这片广袤的土地，可能也不会知道自己是最早深入此地、看到袋鼠正跳跃前行的人类。1亿年前，澳大利亚已经与地球其他大陆相分离。当智人在澳大利亚西北部的沙滩上留下脚印的时候，他们不仅成了最早行走在澳大利亚的人类，还是最早来到这里的灵长目动物，但彼时的他们显然并不知道这意味着什么。这是多么激动人心又意义非凡的时刻：当这些游荡的生命决定去探索大海对岸的时候，持续了几千万年的大陆漂移不再构成阻碍。

让我们先把灵长目的故事搁在一边，回到智人的故事上来。相同的一幕也曾在另一块大陆上演：智人登上了之前杳无人迹的美洲大陆。具体情形无人知晓，具体时间在学界也极富争议。一些学者认为首批人类在此地的定居浪潮可追溯至三四万年前；另一些学者则认为时间要晚得多，最早也得在大约1.5万年前。总之，在智人抵临此地并不断扩张之前，美洲大陆还荒无人烟。因此，若我们比较一下10万年前智人尚未踏上澳大利亚和美洲大陆、尚未开始大规模扩张时的世界，和1万多年前旧石器时代即将结束时的世界，就会发现智人足迹覆盖的区域面积迅速扩大。如果不算南极洲和遥远的岛屿（这些地方要到很久之后才有人烟，也可能永远无人踏足），智人为人类涉足的地球陆地范围增添了至少37%的面积，相当于两个美洲加一个大洋洲。而原本就承载着人类

“旧世界”的非洲大陆和欧亚大陆集中了剩下63%的面积。

智人最初是南方古猿?

然而，如果说最早踏上大洋洲和美洲的是智人，那么他们究竟起源何时，来自何方？显然，智人诞生在旧石器时代，不可能从月亮上掉下来。身为人类进化链上的最后一环，在好几万年的时间里，或者具体点儿说，4万年里，智人都能以自己是独一无二的人类支系为傲。让我们先揭开他们的神秘面纱：智人不过是一种高级直立人，仅此而已，而直立人是高级的能人，能人的血液里又流淌着矮小却快乐的南方古猿的基因。那么接下来，就让我们去回顾一下这段发生在两三百万年前，以非洲为演化中心的进化历程吧!

大约300万年前，众多南方古猿种群欣欣向荣，特别是在非洲大陆的东部（埃塞俄比亚、肯尼亚、坦桑尼亚……）和南端（南非）。南方古猿是一种高级灵长目动物，我们将在后文看到，它们身上正发展出一项关键特征——直立行走。因而，受复杂的地理条件和进化节奏的影响，部分南方古猿将在接下来的100万年里进化出早期人类所具有的解剖学特征和行为。接着，还是在非洲，能人开始活跃。精确的编年学告诉我们，大约200万年前，进化

南方古猿

南方古猿属于人科，现已灭绝。这个大家族里还包括其他人属（能人、直立人……）和傍人属动物，以及众多现已消失的大型猿猴化石物种。当代人科动物是这些化石物种的现存后裔，包括黑猩猩、大猩猩、红毛猩猩，当然还有我们智人自己。大约450万至200万年前，南方古猿生活在非洲大陆的东部和南部，他们之中可能就有我们的祖先。

美洲
最早一批智人出现在1.5万年前左右

约5万或4万年前

西伯利亚

约4万或2万年前

中东

最早一批智人出现在

12万年前左右

2万年前（走出非洲）

印度

约8万或6万年前

非洲

智人可能最早出现

在30万年前？

印度尼西亚

澳大利亚

首批智人出现在6万年前

南极洲

首批智人出现在19世纪初

月球

首位智人于1969年登临

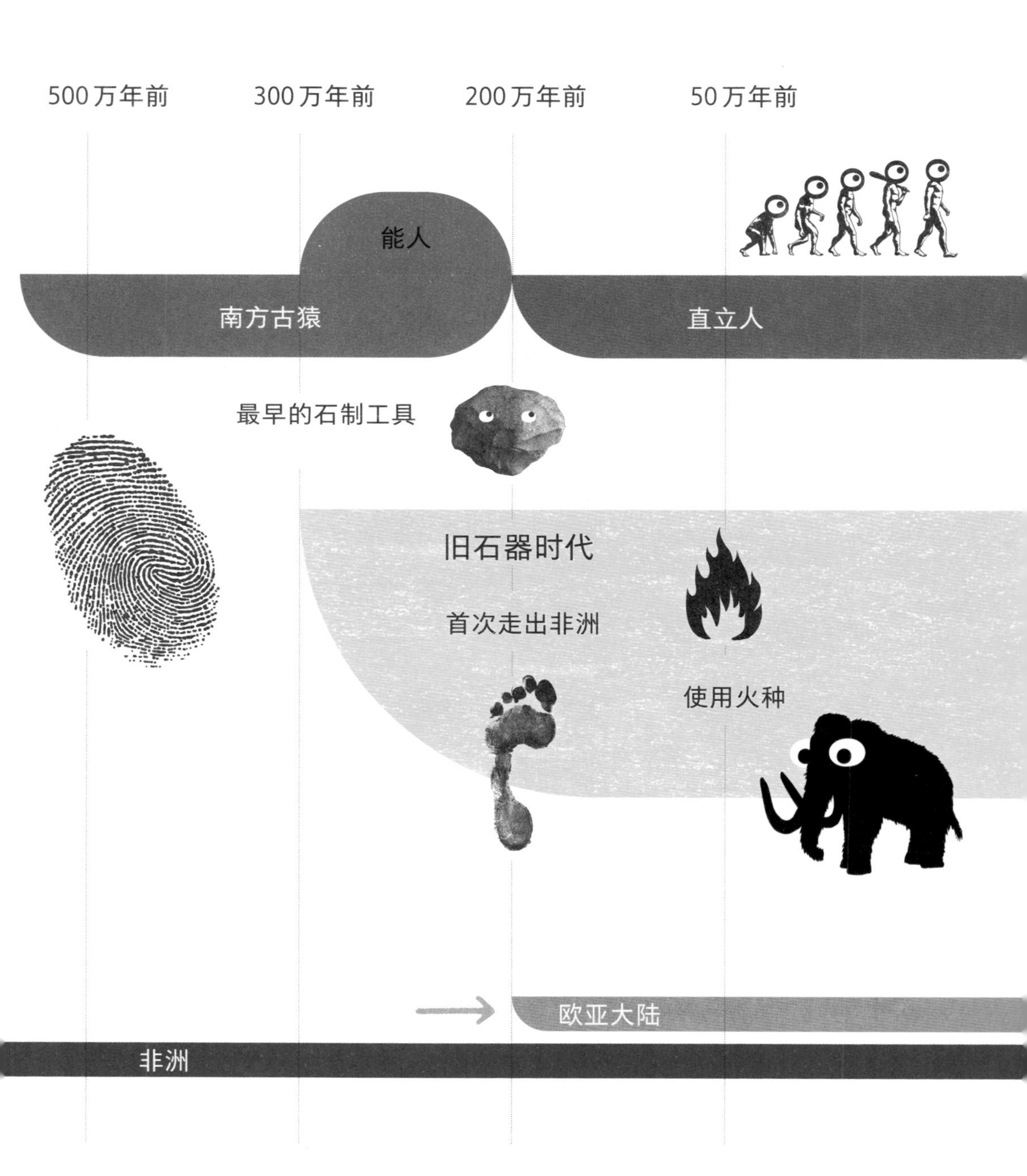
500万年前
300万年前
200万年前
50万年前
能人
南方古猿
直立人
最早的石制工具
旧石器时代
首次走出非洲
使用火种
欧亚大陆
非洲

万年前
4万年前
1万年前
5000年前
现在
智人
尼安德特人
新石器时代
首次登月
驯化动植物
的墓葬
最早的具象艺术
最初的文字
南极洲
美洲
大洋洲

的节奏相当快，最终进化出了直立人（我们之后会详述）。直立人领导了一场重大变革：他们突破边界，翻山越岭，一点点扩张到欧亚大陆。要是一直在非洲大陆繁衍生息，他们就只能被束缚在这个小角落里。这个过程虽然缓慢但至关重要，经过至少100万年的时间，从欧亚大陆的一端到另一端，智人的身影已经随处可见。当生活在伊比利亚半岛沿岸和英国南部的直立人看见太阳在大西洋上空绽放光芒的时候，只要再过几个小时，大陆另一端的智人就能望见中国海域上的朝阳或落日，但那时我们的人科动物对此还一无所知……

能人/直立人

大约250万年前，地球上出现了早期人属动物的身影，如今，他们的化石已经难觅其踪。这些人属动物各不相同，名称各异，我们把他们统称为能人。直到200万年前，直立人出现了。直立人也有很多竞争者，比如一开始的匠人（Homo ergaster）。不过，直立人这一称呼概括了从那时开始所有走出非洲大陆，在欧亚大陆定居生活的人属动物。等到距今30万至15万年前，智人和尼安德特人出现了，他们是直立人的直系后代。从10万年前开始，以非洲和中东为大本营的智人逐渐扩散到世界各地。

合乎逻辑的进化？

旧石器时代的繁荣发展要归功于直立人，但从严格意义上说，这个时代不是直立人创造的。古人类学家、史前史学家和其他原始人类爱好者，原本希望事物发展的逻辑无懈可击：最早的人类由南方古猿经生物进化而来，他们后来又发展出新的能力，最终发明了工具。这也解释了为什么我们把他们称作能人。进化步入尾声之时，能人坐在大草原上的金合欢树下，把使用工具的方法传授给后代直立人，嘱咐他们用工具和双腿去征服世界。从此，直立人变得机警起来。能人发明的所谓“工具”由石头制成，这解释了“旧石器时代”（Paléolithique）的含义（“Paléo”指“旧的”，“lithique”指“石头”）。从生物进化，到发展出新的认知能力和思维能力，再到发明工具，最后到拥有新的适应能力，按此顺序发生的进化符合我们对逻辑一贯的追求。一切都在朝着最好的方向发展，南方古猿在进化链条上有了一席之地。

然而，最新的发现表明，事情没那么简单。人类的进化是一种协同进化，没有遵循生物进化先于行为进化的逻辑。如今我们知道，打制石器的历史要悠久得多，至少在260万年前，或许可以追溯到330万年前，最早的打制石器就出现在南方古猿的手中。因此，早期的人属动物，从能人到直立人，都继承了先辈发展出的行为——有意识地去适应不同环境。你可能会问，那又如何呢？这就说明人类从来不是“白纸一张”：当我们所称的“人属动物”出现时，人类手中就已经握有能帮助自己适应周围环境的工具。他们与世界之间的关系已经有了“人为”的成分，会想方设法地满足自己的需求。在发达的大脑形成之前，人类就已经在关注技术，寻找智慧的解决方案（换句话说，并非先天形成），这说明能力和器官在共同进化并彼此塑造。

“这就说明人类从来不是‘白纸一张’：当我们所称的‘人属动物’出现时，人类手中就已经握有能帮助自己适应周围环境的工具。”

直立人，在创新和突变之间

这是使直立人受益匪浅的遗产，在出发征服新领地的漫漫路途上，他们从中获益良多。然而，如果没有在长途跋涉中遇到的外在挑战激发他们不断发明创新，如果没有与这些发明关系紧密的生物进化，这一切都不会实现。以火为例，关于火的使用始于何时何地，众多假说各执一词。很多在欧洲发现的遗址可以追溯到距今50万至40万年前，在中国也有年代相近甚至更为古老的遗址。当然，远古时代的他们对火掌握到了何种程度还有待考证，但无论如何，直立人都是主角。毫无疑问，这体现了他们对新环境的适应能力，因为欧亚大陆进入了漫长的冰期。他们还开发出火的丰富用途：用火取暖，用火照明（没有光，就没有穴居人），用火改变某些物料的性质，用火煮熟食物。每一项用途都在述说行为进化和生物进化之间的紧密联系，因为每种行为背后都有同样多的生物机能在起作用。比如提到饮食，我们就能想到，有了火，人类的杂食性逐渐增强，与之相关的其他能力也不断发展。

就这样，直立人走出他们的诞生地非洲，来到欧亚大陆，直抵印度尼西亚东端，在地球上大部分地区繁衍生息。由此出现了许多现象，其中一种尤为重要：种群越分散，彼此距离越远，最终相互隔绝，各成一体。这首先引发了众多文化的出现和发展，其中最广为人知的是阿舍利文化。每个种群也进化出不同的解剖学特征。实际上，每个种群完全能够独立发展，他们之间的差异也越来越显著。因此，到距今20万年前（可能更早一点儿或晚一点儿，范围扩大到距今30万到10万年前），如果我们看一下彼时地球人口的分布图，就会发现存在很多“堂表亲戚”关系。生活在亚洲的一脉比较保守，继续保持直立人的体

貌，但他们其实已经进化过了，具有“亚洲人”的特征；而欧洲的人类热爱创新，接纳了尼安德特人优雅的外形；非洲的一脉变化较大，出现了智人。作为十字路口的中东，受到来自非洲和欧洲不同种群的交替影响。因而，在大约20万年前，也就是我们叙述开始的时期，人类种群的多样化空前绝后，因为从那以后，智人开始扩张，最终占领了整个地球。

说到这里，我们自然想问：“为什么智人获得了成功？”在回答这个问题之前，我们还是先深入探究一下上文提到的某些情况，特别是协同进化的概念，因为这对揭示问题的答案大有助益。

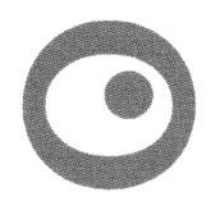

阿舍利文化

阿舍利文化（约150万至20万年前）以渐趋精致的石制工具闻名，最具代表性的莫过于“手斧”。阿舍利文化虽然诞生在非洲，但很快传播到欧亚大陆的大部分地区。“阿舍利”这个名字来源于遗址的发现地，法国索姆省的圣阿舍尔（Saint-Acheul）。19世纪的考古学家加布里埃尔·德·莫蒂耶（Gabriel de Mortillet）让这个名字在史前史年表中占有一席之地。手斧是阿舍利文化的典型工具，经石块两面削薄而成。它形状对称，底部通常厚而圆润，越往上越薄、越尖。手斧虽然没有柄，但什么都能做，可以切、可以刺、可以击打。后继文化的许多工具都由此衍生而来。

协同进化是什么？

对话　弗朗索瓦·邦

主持　安娜·罗斯·德丰丹尼厄

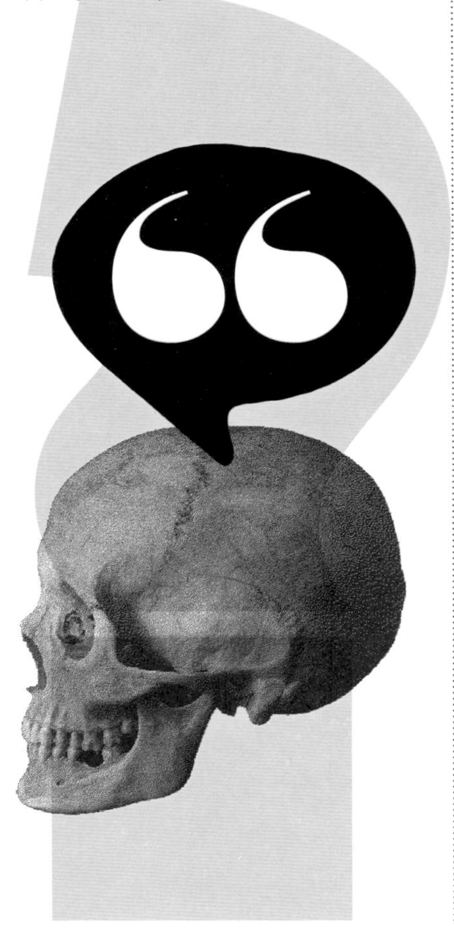

您在书中用“协同进化”一词描述同一物种内部的情况，这背后有何深意？

的确，通常情况下，我们谈论两个在特定环境中共同进化的物种时才会用到这个词：两者行为互相影响，又作用于各自的进化。捕食者和被捕食者就是典型的例子。我之所以用这个词来描述同一种群（在本书中指人科动物下属的同一物种），是想驳斥一种已经根深蒂固的观点，即人类在某一天摆脱了自然的束缚，而且首先发生的是基于自然选择的生物进化，接着进化的动力变成了文化。这种转变发生于何时？传统的观点认为，从生物进化向文化进化的过渡发生在大约250万年以前，以人属动物的出现为标志，那时他们已经能用文化来推动人类进化了。但有些人认为要等到现代人，也就是智人出现之后，我们才能观察到文化进化。我认为，更可能是生物进化和行为进化在相当长的一段时间里同时进行。我们所定义的文化行为是后天习得或传授而来，而非先天具有的。某些种群会根据自己所处的环境发明新的行为方式，并将之传授给后代，而他们的后代又会根据实际情况调整自己的行为方式。新出现的行为影响着我们远古祖先的生物进化，反过来亦如是。这种影响是双向的，是一种共同塑造。

您能给我们举个具体的例子吗？

例子太多了！不过，让我们先来谈一谈语言。不同动物各有其交流方式，有的已经相当高级，有的却主要依靠模糊不清的发音和姿势。人类具备清晰发音的能力，能体现声音音调的变化，构成了严格意义上语言出现的生理条件，这是人类特有的。通过对智人和尼安德特人的发音器官，特别是颈部出现的舌骨的研究，我们知道他们都具备这种能力。而直立人并没有类似的解剖学特征，不过，他们打造的石器精致而实用，又让我们猜测他们可能具备高级认知能力。能够运用如此复杂的技术，让我们很难想象这些能力并非来自代代相传。古遗传学将从基因结构的角度揭示更多有关语言诞生和使用的奥秘。

此处涉及的协同进化是怎样的？

我正要说呢。智人咽部形态的改变让他们具备了分音节说话的能力。一种有利于交流工具发展的社会压力促成了这一变化的出现，社会组织和个体间的互动足够在生理层面造成影响。社会环境选择了语言，选择了能促使种群兴旺的生物学特征。想象一下，几十万年以前，一个发音最清晰的种群从同代人科动物中脱颖而出，获得了进化上的成功。这不仅表现为该种群后代众多，还表现为这个特征也代代相传，并最终保留了下来，因为如今的我们会说话。但我们远未抵达终点，在语言的发展过程中，还涉及概念的发明。我们需要为周遭的事物命名、构想它们，以理解它们，而不止于感知它们。不过，我们花了很长时间才学会表达“时间”这个概念。

此外，语言也有助于说明遗传学上的不可逆现象，即一切进化都是不可逆的遗传规律。因此，今天的我们无法真正体验到没有语言是怎样一种状态。要想象这种状态，我们就得使用语言，这不是因为我们的嘴巴能发出声音，而是因为我们的脑子在用语言进行思考。因而，协同进化不仅影响了发声系统，也影响了大脑，因为根据定义，没有语言我们就无法思考。它清楚地表明协同进化是一个不可逆的过程，野人小孩就是一个残酷的例子。因此，从广义上说，诸如语言、直立行走等在我们看来是先天具备的能力，只能在人类社会

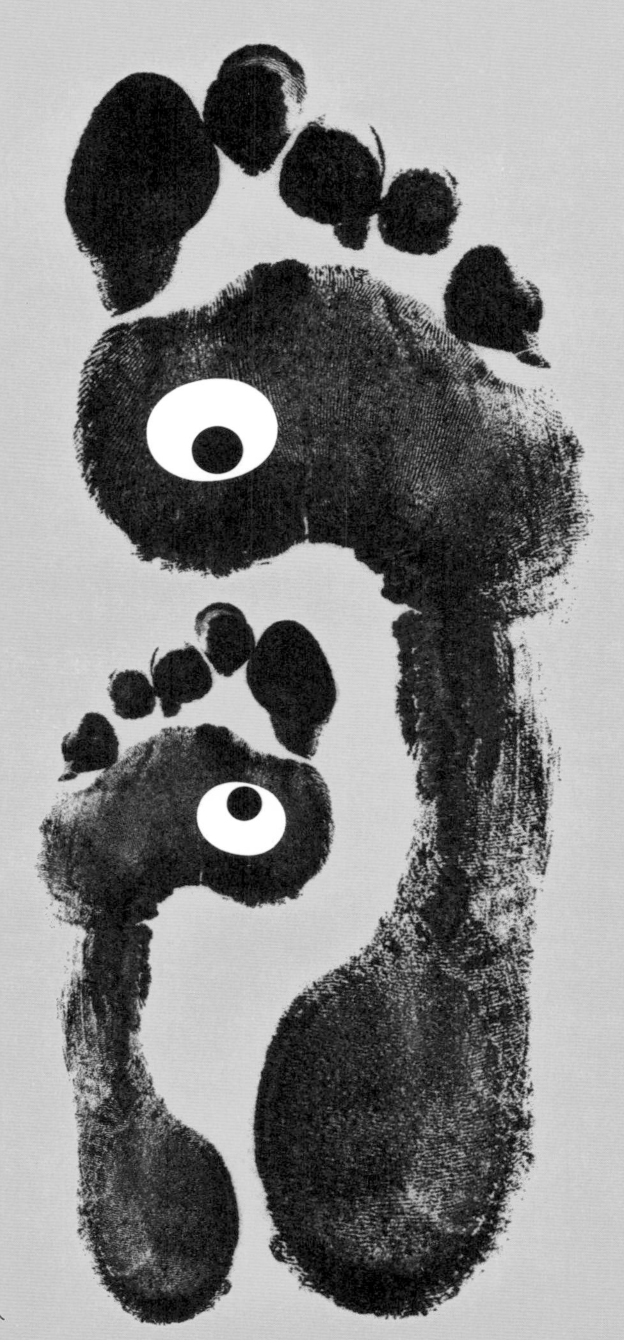

中发展起来。孩童所处的社会环境中，一定存在某种刺激促使他具有的那些看似天生的特征发育完全，而且与后天学习密切相关。这样，我们就处在了文化的核心地带。我们天生具备说话或直立行走的生理能力，但依然需要社会环境的刺激将其激发出来。

您刚刚提到的直立行走同样如此吗？

早在四五百万年前，某些南方古猿就已经能直立行走。对它们躯干骨架的研究清晰地表明，它们进化出了一套身体平衡机制。头部和躯干通过颅底的枕骨大孔连接，表明它们的身体立了起来。我们还在坦桑尼亚的莱托利发现了两个矮小人类的脚印，一个成年，另一个未成年。他们踏过松软的火山灰，火山灰凝固后将他们的脚印保留了下来，距今370万年。对脚印的研究表明，他们是直立行走的个体。可惜的是，我们对距今800万到400万年前的情形了解得不多，因为这一时期的化石数量不多，仅存的那些要么残缺不全，要么无法用于定年。即使如此，我们也可以说在距今1200万至800万年前，一些人属动物逐渐发展出用后肢活动的能力。这一过程十分漫长。这种能力又是如何演变成直立行走的呢？有很多说法可以解释这一点。

其中之一是“东边故事”假说，由法国人伊夫·科本斯（Yves Coppens）提出，流传甚广。该假说以东非大裂谷形成的影响和该区域逐渐干旱，变成稀树草原为基础，以露西为主人公，套用了自然选择理论：原本树栖的猿猴发现了更为开阔的天地，于是想站起来看看远处有什么，想在发现捕食者时跑得比它们更快。如此一来，它们的存活率变高，这项特征也因此代代相传，并逐渐固定下来，变得不可逆了。在这项假说中，生物学因素是直立行走出现的主要成因。然而，社会环境因素的影响尚无定论，很多研究者会提及以手持物的需要。无论如何，只要直立行走并非天生而是后天习得的，我们就可以认为这体现出了文化对生物进化的重要影响。从这个角度看，某些行为特征的发展一点儿一点儿地让那些直立行走能力最强的个体成为被最终选择的那一个。

您能详细说说直立人的协同进化吗？从他们的生存环境和对环境的适应情况看，他们的进化没那么明显。

协同进化在直立人身上体现得并不明

显，因为行为进化没有让他们发展出显著的生理特征。但我们还是能举出例子来，比如，杂食就是他们适应环境的表现。得益于一套强大的消化系统和能够撕裂、嚼碎食物的牙齿，他们的食物来源非常广泛，这也是他们能在地球上成功立足的关键因素，那些没法消化肉类的个体可能就退出舞台了。此外，我们知道食用动物蛋白对大脑发育十分重要。当他们不得不与超级掠食者在路口对峙的时候，这会非常有用。反过来说，他们的文化行为，比如用火弄熟食物，扩充了他们的食谱，而某些生理特征也因食谱的丰富而固定下来，比如消化各种食物的能力。

我们一直都是杂食动物吗?

我们猜测最初的人科动物是食草的，因为蔬菜里含有的硅在它们的牙齿上留下了痕迹。400万年前，部分南方古猿身上出现了杂食特征。之后，这一特征开始广泛出现在人属动物能人身上，而所有直立人都是杂食动物。大约200万年前，众多人科动物共同生活在非洲大陆上，其中傍人属动物与能人和直立人生活在同一时代，会直立行走，而且似乎也能制造工具。傍人属动物是严格的素食者，只对植物的根茎感兴趣。过度特化令他们无力应对环境变化，很快就消亡了。因此，我们可以说现代人之所以能适应环境并生存下来，在很大程度上要归功于他们的不挑剔。比如，在饮食方面，我们从未停下探索其他可能的脚步。我们可能会认为进化上的成功最终会促使人类走上特化的道路。当然不会！最后，如今地球上只剩下一种人属动物，这并非因为他们在与其他人属动物的竞争中获得了胜利，而是因为他们的行为和生理结构更能适应环境。现在，这一过程还在继续……

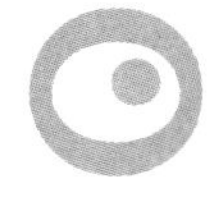

2

2 是什么让智人奔跑起来?

我们一直在谈论全球化，还将它想象成一种全新的现象，仿佛过去的人都静止不动，思想观念也不会传播，更不用说基因传播了。这种想法半对半错。诚然，300年前的法国农夫不一定完全了解自家附近的山谷，但他的侄子可能远赴美国，侄女可能嫁给一个弗朗什-孔泰人（Franc-comtois）。他们的确鲜少旅行，因为这是某些群体才能享受的奢侈活动。如果我们再倒退几千年，那时地球上只有从事狩猎和采摘的游民。1万年来，每当有人认为自己发现了一块新大陆，却总有同胞在那里迎接他，这是怎么回事？为什么同胞到处都是？还是说……

他们的一小步，人类的一大步

让我们再去看一眼“世界地图”上智人走过的路吧，如果将这一进程加速，事情的发展的确令人瞠目结舌。如果把时间坐标定格在10万年前，非洲大陆上发生的一切都让人震惊。非洲确实是一块广袤的大陆，他们先迁徙到了中东地区，但中东地区很小（迁徙规模不大）。随后，智人的迁徙之旅开始了，他们来到了世界上的其他地方。首先是东方（5万年前他们出现在澳大利亚便是一个确凿无疑的例证，尽管我们不知道他们是如何从非洲大陆抵达那里的）；接着是北方，在至少4万年前，欧洲的许多地方都有智人的踪影；他们最终扩张到整个“旧世界”，除了被冰雪覆盖的最北端。占领澳大利亚之后，智人又向北通过白令海峡登临美洲，一点儿一点儿穿越整块大陆，来到最南端。距今1.2万至1万年前，巴塔哥尼亚地区就已经有他们的身影。

“9万年，保守点儿说，相当于人类世代更迭了4 500次。在此期间，生活在埃塞俄比亚奥莫低谷的智人原本捕猎牛羚，来到加利利之后，猎物变成了瞪羚，后来踏上澳大利亚大陆的智人则捕捉袋鼠，而且我们还发现生活在阿根廷大草原上的智人会烹食原驼。”

如果我们把这千万年智人的迁徙浓缩成几行字，他们的扩张无疑非常迅猛，但这个过程实际上持续了整整9万年，保守点儿说，相当于人类世代更迭了4 500次。在此期间，生活在埃塞俄比亚奥莫低谷的智人原本捕猎牛羚，来到加利利之后，猎物变成了瞪羚，后来踏上澳大利亚大陆的智人则捕捉袋鼠，而且我们还发现生活在阿根廷大草原上的智人会烹食原驼。如果每代人在他们一生中都选择去看看沙丘的另一边有什么，最多也就只能走10千米远，那么我们最后就走过了45 000千米的路程（差不多可以绕地球一周）。当然，我们算得肯定不对，因为这显然不是一个线性的进程。面对连绵的群山和无垠的大洋，可以想象智人不会总是一帆风顺，他们将遭遇阻碍，会停下脚步，甚至原路返回，之后他们会加快脚步进入新一轮扩张，再次受阻，如此循环往复。即便如此，这种计算方式至少能帮助我们用可感的现实空间理解抽象的时间广度：如果我们用几万年的时光探索地球的话，这颗星球就显得有点小……

让我们回过头来看看引发并推动智人在地理范围上扩张的条件吧。我们最先能想到的就是人口：要想世界上全是人，首先得有人……古人类种群的规模是一个非常棘手的问题。可以这么说，对于那些发生在遥远过去的事情，我们有的只是一些推测，大部分古人口统计学者也不例外。我们想象中的智人通常很脆弱，他们时而应对出没的野兽，时而面对严寒的气候，有时两者同时出现，让他们应接不暇。尽管如此，人类仍能奇迹般地在时空中不断扩张，并且存续至今，仿佛注定要承受千难万险的锤炼。人科动物自南方古猿开始，通过对环境的适应，就已经取得了辉煌的成功，与此相伴的是人口大幅增长，其程度远远超过我们的想象。然而，就算我们认可这项假说，我们还是无法用人口压力来解释种群扩张。实际上，我们可以肯定的是，在他们生活过的大部分区域里，有成群的食草动物在开阔的土地上吃草（北方草原上的驯鹿，南方热带草原上的瞪羚……），与人类种群规模相比，他们的食物来源称得上非常丰富了。因此，无论他们的数量有多少，都不能合理解释他们为何需要不停地开疆辟土。尤其当智人出现的时候，人类早已是超级捕食者了，既能把一切猎物收入囊中，也能在一切竞争中获得最后的胜利，稍后我们将会讨论这一点。

不断变化的环境推动智人迁徙

为了应对不断变化的外部环境，智人常常被迫迁徙，寻找新的领地。我们需要牢记一点，在几千年的时间里，有时只需要几百年，受冰期交替及其引发的气候变化的影响，世界持续不断地发生着深刻的变化。如果我们再考虑到当时世界上还没有什么人，因为未来很长时间里很多地方一直是无人区，人类聚居地的相对流动性就很好解释了。简单来说，这些史前人类的聚居地主要分为两种：一种无论气候如何变化，人丁总是兴旺；另一种虽然住户也不少，但只在特定的时段才有人居住。

以南欧为例，将南部半岛（伊比利亚、意大利和巴尔干）分割开的临海平原和盆地，以及将半岛串联成片的陆地走廊（比如南法），在至少100万年的时间里一直有人类居住，从首批直立人抵达此地开始从未间断。此后，波河平原、加龙河流域以及罗讷河流域可能都有人类繁衍生息。与之相对的是，从英格兰南部一直延伸到波兰并与俄罗斯平原相接的北欧平原，只在气候温和的时候才有人类居住。事实上，在那些最为寒冷的冰河时期，极地冰盖逼近如今伦敦和莫斯科所在的地区，那附近没什么可供智人活动的空间……

因此，我们能够想象，在受困于此的数千年时间里，人类种群时而居于南方，时而把握机会向北方扩展。类似的故事也在非洲大陆上演，只不过影响因素变成了干旱气候和沙漠的蔓延（从撒哈拉沙漠开始）。在北部冰川扩张的同时，南部的沙漠也在蔓延，如此一来，地球上流动的水变得更少了。因此在非

洲，一些区域相对而言一直都有人类聚居，另一些区域受气候变化和含水层状态的影响，使居住在那里的人来而复去，去而又还。简而言之，我们那些从事狩猎、采摘的祖先在不断重构自己所生活的土地，他们自己甚至都没意识到这一点，因为个体在短暂的生命中无法感知如此漫长的变化。或许比起真正的“移民”，这更能解释为何人类种群的领地会缓慢而持续地扩张，但无论如何都与严格意义上的人口压力没什么关系。

作为集体的直立人

当我们思考人类强大的自适应能力时，我们还要牢记另一件事，那便是无论是在智人诞生之前还是之后，人类一直都是超级捕食者。10万年前，人类就已经处于食物链较高的位置。诚然，在散发着难闻味道的鬣狗巢穴深处，我们总会发现一些人体骨骼残片，这些残片讲述着一位不幸智人的悲惨命运，但跟我们在同时期人类住所中发现的无数动物遗骸相比，那简直是小巫见大巫，更不用说智人的猎物中还包括最凶残、最危险的动物。视地域和环境的不同，我们还在其中发现了诸如熊、原牛、野牛、犀牛之类的动物。

要想每次都满载而归，人类必定运用了一套行之有效的狩猎策略，且代代相传。但是得承认，我们不太了解其中的玄机奥妙……不过，我们可以大致归纳如下：直立人在与他们的非洲摇篮相似度很低的新环境中建立了最早的社会，而在整个直立人时代，他们都没有好好研究过武器制造。令人震惊的是，他们会精心雕琢、打磨宰杀猎物的工具（啊，多么精巧的手斧），却不去完善捕猎的武器。他们的武器库里有木制的长矛，可能还有木制的长枪，多亏它们被完好地保存下来，我们甚至亲眼见到了一些，但像投矛器或弓箭一般精巧的投掷武器还没有出现。我们因而可以得出这样的结论：直立人狩猎时主要仰赖的不是武器制造技术，而是集体的智慧和行动，再加上对猎物的了解以及地形条件提供的天然陷阱。可以这么说，这种以狩猎为基础的社会关系形式在当时人类群体的组织结构中占据重要位置。

然而，从10万年前开始，随着技术的进步，许多更加复杂的武器诞生了。尽管集体狩猎没有被抛弃，但狩猎本身更趋向个体化，至少产生了更多小型狩猎团体。自那时起，非洲有些地方出现了弓箭。我们在那里发现了很多小型石制尖状器，除了安装在轻巧的飞射物的一端，我们实在想不出这些尖尖的石头片还能用在哪里，而且石片上的痕迹也证明了我们的猜想。用与速度和质量有关的物理原理很容易就能解释：飞射物质量越轻，就越需要速度，这得求助于发射工具。它也带来了巨大的好处：飞射物让猎人得以远离猎物，不仅能促进捕猎策略更新换代，也能保护猎人免受猎物伤害。尽管我们不太了解史前的捕猎武器，但有一点可以肯定：从5万年前起，当智人的足迹一点儿一点儿遍及地球的各个角落时，想方设法发明武器成了他们新的需求。无论是搭配弓使用的箭，还是需要投矛器发射的标枪，尖状器都是关键部分。尖状器有石质的，也有用其他材料制成的，比如骨头，其形状也各不相同，因材质和用途而异。这些小物件告诉我们，此时，猎人的装备起着决定性的作用。

投矛器

投矛器彻底颠覆了传统狩猎方式。与用手掷标枪只能捕获几米以内的猎物相比，投矛器能将标枪以三倍或四倍的速度发射出去，让远距离捕猎成为可能，不仅节省了体力，还提高了精准度。

身为继承者的智人

尽管很粗略，但这幅画仍能印证一个主流观点：早在智人之前，人类就已经通过发挥创造才能去适应地球上的大部分环境了，尤其是当他们开始在历史中占据一席之地之后。如果说这条独特的轨迹有什么值得记住的关键信息，那便是这种进化主要源于为了适应不同地域和环境而主动发明创造的需要，自然选择并非主导因素。与史前人类近乎原始天然的形象相左，史前史为我们讲述了另一种事实：这类自适应行为在现代社会之前就已经得到了充分发展。如今我们能把自己发射到月球上去，不久的将来可能还能让自己登陆火星，这全然是因为我们继承了祖先几十万年来积累的技术和智慧，他们之前已经因此取得了众多辉煌的成就。最后，正如我们所见，在人类智慧的发展历程中，捕食在集体策略、社会组织以及技术发明这些方面占据着重要地位。因此智人必定是“继承者”，但他们继承的对象不止一位，不仅有先于他们生活在非洲大地上的古人类，还有他们在漫漫征途上遇到的同辈。简而言之，智人绝非仅凭一己之力就取得了成功，我们接下来就会讨论这一点。

当智人开始在欧亚大陆上扩张时，其他古人类早已定居于此。你可能还记得直立人在几十万年前就已踏足此地，他们的后继者也在此开疆辟土。因而，就像我们之前提到的那样，在大约10万年前，一些高级直立人种在亚洲繁衍生息，而尼安德特人也早已熟悉欧洲。此后，特别是从4万年前开始，智人进发到欧亚大陆的各个角落，与此同时，其他古人类渐渐销声匿迹。人们很快就得出结论，后者在与“超级智人”的竞争中落败，湮没在旧石器时代的尘埃中。真是一场好戏！根据某些耸人听闻的观点和看法，智人本就高其他古人类一等，他们把愚蠢的尼安德特人丢在半路，这不是很自然的事情吗？或者与之相反，我们选择同情尼安德特人，同情他们如最后的莫西干人一般消殒在历史长河中的命运……然而，尼安德特人的“消亡”让我们想起了糟糕的侦探故事：没有尸体，何来犯罪……最后的尼安德特人在从世界上悄无声息地消失之前可一直活得很好啊。

作为标的的尼安德特人？

后来，随着古遗传学研究数据的出现，尼安德特人的初步尸检结果得以披露。令人震惊的是，现代欧洲人仍携带少量尼安德特人的基因。基因数量虽少，却也能被观察到。此后，比起“尼安德特人从地球上彻底消失，让智人在竞争中占得上风”的观点，我们可以得出更加合理的推论：这两个人种的基因彼此稀释，简单说就是一种美妙的融合，我们中的一些人其实就是他们的后代。上文提到的那出好戏在此处其实是指相互同化现象，或许这才更接近事实，并没有那么戏剧化。尼安德特人的基因印记说明智人在漫漫征途上绝非形单影只。他们在欧亚大陆上一定与尼安德特人有过接触，或许还和直立人有过。这有助于解释智人为何能迅速扩张，因为他们踏足的土地上早已建立了运行良好的社会制度，之后发生的不过是一场交换游戏……

智人VS尼安德特人

对话　弗朗索瓦·邦

主持　安娜·罗斯·德丰丹尼厄

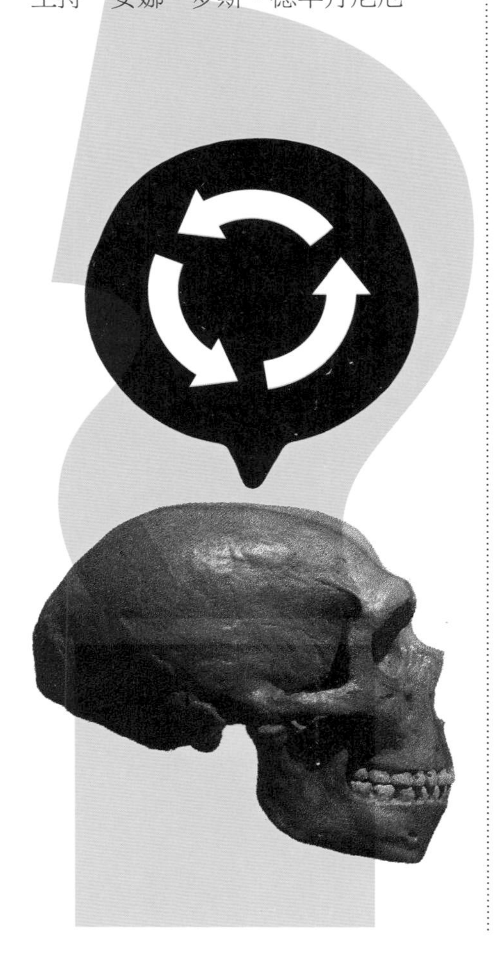

智人和尼安德特人之间有何区别?

两者之间的区别有太多可以说的了。尼安德特人比智人更矮小粗笨，但也更孔武有力，而且比起更为晚近的智人（比如说生活在中世纪的智人），早期智人要更高大，可能是因为肉吃得更多吧。不过，尼安德特人和智人最大的不同表现在头颅和面部特征上。尼安德特人的头颅后部凸出，与他们的祖先直立人一样，而智人的头颅后部更为圆润。两者的脑容量也不一样，尼安德特人的脑容量更大，约1 600立方厘米，而智人的脑容量平均只有1 450立方厘米。尼安德特人的骨架粗壮有力，眼眶凸出，眉脊发达，在如今俗称眉弓的地方有一道不间断的突起，犹如帽檐。与之相比，智人的额头和面部更为精致。而无论是智人、尼安德特人，还是直立人，都具有现代人类的大脑特征，即左右脑不完全对称。

他们之间有怎样的关系?

智人和尼安德特人都是直立人的后代。我们已经知道，直立人在这颗星球上分布广泛。亚洲的直立人一直在进化，却没有发生实质性的变化；生活在非洲的直立人变成了智人；他们在欧洲的分支变成了尼安德特人。但千万别弄错，这一过程花了好几十万年才完成。如今，我们推测直立人最早的迁徙浪潮可以追溯到距今180万至100万年前，尽管我们不知道他们去往何处。距今100万至50万年前，受温度变化的影响，准确地说是受剧烈变化的冰川气候影响，我们得以窥见他们向北方扩张或是往南方撤退的场景。我们在西班牙格兰多利纳的阿塔普埃尔卡（Atapuerca）发现了欧洲最古老的直立人遗址，距今约90万年。到了35万年前，他们开始出现一些尼安德特人的体貌特征。在同一遗址的胡瑟裂谷（Sima de los Huesos），我们发现了约30具骨架，他们被归类为前尼安德特人。再过一段时间，生活在非洲大陆上的直立人也将开始转变，发展出智人的特征。我们仅有的关于这一时期的化石可以追溯到20万至15万年前，比如发现于埃塞俄比亚的奥莫一号和二号遗址、海尔托遗址，还有以色列米斯利亚洞穴的化石。然而，2018年6月，人们又在摩洛哥杰贝尔依罗发现一枚智人化石。经过定年，该化石已有30万年的历史，极大提前了智人的起源时间。这项石破天惊的发现表明智人的进化开始得更早。

如此说来，智人和尼安德特人是“表亲”咯？

并不完全是这样。距今30万至15万年前，可以明显观察到非洲和中东的直立人在向智人进化。而在差不多同一时期的欧洲，直立人开始向尼安德特人进化。我们刚才描述的这种现象被称为物种形成，即同一物种下属的不同种群在几十个世代之间不再相互接触，彼此隔绝，各自进化，由此产生生殖隔离，出现新物种。所以说，我们面对的是同源的两个新物种。当然，我们也认为，刚开始这两个物种还能共同繁衍后代，后来就不行了。然而，过去十年里，这一观点也在变化。就职于德国莱比锡马克斯·普朗克研究所的斯文特·帕珀（Svante Pääbo）率领团队开展了一项古遗传学研究。他们分析了克罗地亚温蒂贾洞穴（Vindija）里发现的尼安德特人骨头碎片，并将所得数据与现代人种进行对比。研究表明，现代欧亚人种拥有非洲人种所没有的基因，其中有些带有尼安德特人的痕迹。这种杂交可以追溯到何时？有人认为非常久远，也有人认为可以追溯到尼安德特人的消亡。此外，长期以来，大部分研究石器的史前史学家都认为智人和尼安德特人拥有同样的能力，因为他们的需求一致，可以使用相同的技术来满足。简而言之，就算他们是两个不同的物种，我们也无法从与技术有关的行为上区分他们。

智人和尼安德特人是在中东相遇的?

一直以来，中东扮演的都是十字路口的角色，走出非洲大陆的人类和离开或返回欧洲大陆的人类显然会在此相遇。此外，他们领地的扩张并不是连续的过程，更像是持续不断的浪潮，对智人和尼安德特人来说都是如此，气候的阶段性变化和去远方看看的欲望促使智人和尼安德特人踏上迁徙之路。不过，这些现象和由此引发的几波迁徙浪潮的具体日期很难确认。至于智人和尼安德特人究竟是短暂接触还是长期接触，也众说纷纭，有观点认为他们相遇的时间点可能早至10万年前，也有人认为会晚一些，大约在6万年前。

不过，您提到了相互同化，他们没有相互侵犯领地吗?

在我看来，智人驱逐尼安德特人并最终使之消失的观点是站不住脚的。与距今4万至3.5万年前有关的考古学事实和石器表明彼时出现了一个小曲折。在那段时期之前的发现都属于莫斯特文化，而那段时期之后的发现就彻底变成了奥瑞纳文化。解开这个谜团的关键在于弄清这5000年里究竟发生了什么。我们注意到这期间发生了缓慢的变化，主要集中在钻研新式发射器尖头的制作方法，以及如何把石制装备运送到更广阔的土地两方面上。为适应每次搬迁的需求，石制器具都经过调整或重制，因此，便于运输和重新打磨的器具开始大批生产，石叶盛行一时。我们还注意到，随着土地不断扩张，当时的人类出现了显著的行为进化，反映在以狩猎为基础的社会关系形式和非定居生活的策略上。4万年前的他们虽然过着非定居生活，但仅限于眼前的一亩三分地。这一时期出现了许多用于制造新式狩猎武器的技术，这些技术可能都与投矛器的广泛应用有关，但只有一种技术最终占得上风，它显然是由智人发明的，有众多考古遗址为证：当时的人们生产出一种由薄石片制成的尖状器组成的工具。从伊朗到西班牙，再到威尔士，这项石器制作技术得到了广泛传播，并最终带来了奥瑞纳文化，代表了当时人类毋庸置疑的技术成就。

但无论在基因层面还是在技术层面，

我们都不能把尼安德特人视为落败者，因为他们在这两个方面的发展轨迹与智人重叠。如今，所有证据都让我们确信，智人和尼安德特人共同生活过。尼安德特人参与了对他们所熟悉的欧洲的征服，也使胜利成为可能，他们已在那里生活了数十万年。我们可以说正是这种混居共存推动了全球文化的演变。

如今，我们发现欧洲人身上携带4%的尼安德特人基因，对此您怎么看?

这个问题应该由一位人类学家，而不是我这样的史前史学家来回答。尽管如此，我还是能想到一些种群灭绝的情况。由于数量难以为继或被流行病扼杀，那些种群彻底从地球上消失，没有留下后代。生活在3.5万年前的尼安德特人还能在我们的基因库里留下痕迹，这充分说明了尼安德特人和智人共存过相当长的时间。在此，罗马尼亚的“骨之洞”（Peştera cu Oase）遗址值得一提。研究人员对该处发现的一个距今有3.8万年历史的智人头骨进行了基因分析，结果表明，至少他的曾曾祖父是一个尼安德特人。这样的话，智人怎么可能独自生活在欧洲呢？智人和尼安德特人之间的关系结构反映出智人扩张之迅速，人口质量之高。我想，在智人和尼安德特人混居程度最高的地方，两者基因会缓慢地互相覆盖融合。而在一方数量明显占优的地方，另一方就会被同化。在我与伊莎贝尔·克雷夫科尔合著的下一章里，我们将继续讨论这个问题。

莫斯特文化

莫斯特文化是旧石器时代中期的主要文化，在距今30万至20万年前逐渐从阿舍利文化中脱离出来。

奥瑞纳文化

奥瑞纳文化主要分布在欧洲，跨越距今4万至2.5万年前这段时间，是旧石器时代晚期最古老的文化之一。

辩论：
过去的现代性

过去的现代性：从生物学和文化两个不同角度分析同一个体，我们将得到一幅某些地方很清晰、某些地方很模糊的侧写，科学正在使之完善……

伊莎贝尔·克雷夫科尔（I. C.），古生物学家，专门研究智人解剖学特征

弗朗索瓦·邦（F. B.），史前史学家，专门研究石器

F.B.：**作为人类古生物学家，您认为智人自何时出现？**

I.C.：我认为，当专属于我们人类的某些特征出现的时候，智人就开始存在了。他们不必具备人类的全部特征，但要具备某些我们所知的与基因变化相关的特征，以及人类个体在发展早期呈现出的特征。最新的研究表明，在摩洛哥杰贝尔依罗发现的一块30万年前的化石表现出了这类特征。其面部形态与我们现代人的一致，而颅骨与我们的并不完全相同。从大小上看，跟现代人类的头颅形态相比，他们头颅的结构处在缓慢的变化之中。

F.B.：**您为什么说某些特征更为重要，尤其是面部特征？**

I.C.：因为我注意到它们是智人最显著的特征，而且牙齿、颅骨和下颌在化石记录中保存得最完好。智人还有其他一眼就能看出的特征，但易受到环境和生活方式的影响，变得不再显著。与之相反，颅骨圆润的线条，更靠后、更

平坦的面部以及下颌上出现下巴都是能代代相传的特征，完全不会受到任何外部条件的影响，无论是气候还是生活方式发生改变。

这些特征与个体遗传息息相关，既没有出现在年代比智人更古老的化石上，也没有出现在与智人共同生活的其他人种，比如尼安德特人身上，因而它们是智人独有的。如果化石呈现出全部或部分这类特征，也就意味着智人出现了。

F.B.：**如果有个体能满足全部的智人特征，您认为他会出现在何时？**

I.C.：如果一定要说一个时间的话，我认为可能出现在16万年前，更新世中期快要结束的时候。我们在埃塞俄比亚海尔托遗址发现的化石就属此类，尽管我们没有找到后颅骨来证实这一假设。不管怎么说，就算化石记录七零八落，保存状况非常糟糕，需要我们谨慎对待，最新的发现依然证明这是一个缓慢而漫长的进化过程。而在此之前，我们把它视作一场突然发生的事件，一次迅速的物种形成。

F.B.：**以10万年前著名的智人为例，比如在中东地区的斯虎尔（Skhul）和卡夫扎（Qafzeh）遗址发现的智人，为何如今杳然无踪了？**

I.C.：他们中的一些默默地与我们融为一体，另一些则没有。而且他们一直生活到更新世晚期即将结束之时，也就是距今约1万年前。正因如此，我们可以给出一条大致的时间线。从16万年前开始，他们成了完全意义上的智人，这否定了整个更新世晚期，以及更早一点儿，更新世中期某段时间非洲存在人类多样性的可能。之后，有些个体具备了智人的全部特征，而另一些则保留了非常古老的特征，尽管很模糊，但仍能被划分为智人。简而言之，自1万年前开始，最为现代的智人才真正出现，那时的人类种群已经与我们现代人相差无几。在那之前，现代性并没有在智人身上充分体现出来，时而有，时而无，时而并不完全。而生活在更新世时期的智人所具有的多样性特征大部分都消失了，没有在现代人类身上留下一点儿痕迹。这就是为什么我要从词语本身区分智人和现代人，我们通常的看法与之大相径庭。

F.B.：**您能给我们解释古生物学家或者生物学家是如何定义一个物种的吗？他们都遵循同样的标准，还是并非如此？**

I.C.：对于一个研究生命体或史前遗传数据的生物学家来说，判断是否为新物种的标准是有没有发生生殖隔离。属于同一物种的个体可以繁衍出能成活并具备生育能力的后代，如果他们的后代无法存活或者没有生育能力，那他们就属于不同物种。根据史前遗传数据，部分尼安德特人和智人就出现了这种情况，尽管我们还没有其他更有说服力的证据。就古生物学而言，我们没有统一的定义，因为标准不尽相同。我们以形态学为基础，因为形态学特征与遗传信息的联系最为紧密，而其他特征极易受环境影响发生改变。打个比方，我们的前人科动物祖先有一个古老的特征——尾巴。在某一时刻，我们这一脉中个体的尾巴消失了，我们最终进化成了人属动物，而其他分支的个体则不然，尤其所有南美灵长目动物都还长着尾巴。从古生物学的角度来看，在一定时期，我们能发现一些族群长着尾巴，另一些则没有，但它们拥有十分相近的形态学特征。于是，尾巴的缺失就成了定义一个族群的标准。比方说，这个族群里的成员拥有的牙齿个数与其他族群相同，只是没有尾巴，我们便能据此定义一个之前并未存在过的族群，因而也就有了起源于同一祖先的两个族群。其他判定标准也适用于此：牙齿的数量、手指的数量、尾巴的缺失、拇指是否与其他手指相对……在灵长目动物的进化历程中，这些特征一点儿一点儿出现，由此分化出新的分支，产生新的物种。这就是古生物学观察，也是我对在杰贝尔依罗发现的化石的描述。我们能做的只有这么

尼安德特人

多。而且，我们也知道接下来发生了什么，我们在他们身上发现的这些特征最终都被我们继承了下来。

F.B.：**您如何看待智人和尼安德特人的杂交？您之前好像说过杂交个体无法生育也存活不下来，但现代人确实携带了两者的基因，不是吗？**

I.C.：如果智人和尼安德特人的杂交是成功的，那么这种杂交应该能在生物表型上体现出来，也就是说具有能够被观察和分析的解剖学特征。然而目前情况并非如此。罗马尼亚的"骨之洞"化石就是一个典型的反例，它的构型有点儿特殊，可能属于一个杂交个体，在DNA分析结果证实之前，我们很难凭化石记录确认这一点。显然，这解释起来很麻烦。由于他们可以通过交配产生后代，我们一度把他们视作同一物种。然而，最近针对雄性分支Y染色体的研究表明，我们并未在现存智人种群的Y染色体上发现尼安德特人的痕迹。尼安德特人的基因在雄性分支上的缺失说明雄性杂交后代无法生育甚至不能存活，我们由此可以推断，当时出现了某种生物屏障。

此外，尼安德特人的基因痕迹出现在当今一些欧亚人种的基因组中，但从未出现在Y染色体上。这一现象的最佳例证莫过于现代人类种群中找不到由男性尼安德特人和女性智人杂交产生的男性后代。相反，我们可以想象女性尼安德特人和男性智人诞下的后代存活了下来，因为今天的我们拥有他们的痕迹。

F.B.：**4%这个数字只代表杂交后代的一小部分，因为只有他们中的一部分延续了下来？**

I.C.：没错，可以想象某些杂交后代以失败告终，"骨之洞"人可能就是这种情况。我们还发现过一枚具有尼安德特人特征的智人化石，它在形态学上呈现出了杂交的性状。遗传分析表明，他诞生在较晚的时代，但不管怎么说，他的DNA并没有传递到现代人身上。因此，我们可以推断他所在分支的延续中断了，正如他同时期的众多伙伴所在的分支一样。

F.B.：**也就是说，可以在现今人类种群中找到那些成功的杂交后代的痕迹，而失败的杂交后代的痕迹只能出现在化石记录中了。但智人和尼安德特人的部分杂交能够解释后者因基因稀释而从现代人类基因库中消失的现象吗？**

I.C.：我不这么认为。首先，这种杂交发生在大约6万年前，远早于尼安德特人从地球上消失的时间。之后的2万年里，尼安德特人仍存活于世，即使有“骨之洞”人这样的反例，他们也不会衰落。如今，根据一些相当复杂的生物学研究，我们认为在非洲以外的地方，或许是中东，必然出现了古老的杂交行为。此外，我们从四五个遗址中发现的晚期尼安德特人身上提取出完整的DNA，经分析发现，他们基因组中丝毫没有智人的基因，也就是说这些尼安德特人的基因并没有稀释在现代人类的基因库中。我知道证据还不够充分，这是我根据目前研究进展做出的猜想。

F.B.：**您怎么看待当今人类种群的多样性？这是否部分源于智人与尼安德特人、丹尼索瓦人（Denisovans），甚至与其他直立人的杂交？还是说，人类的多样性源于较为晚近的进化？**

I.C.：目前人类的多样性，宽泛来说，差不多源于上一次冰河期，也就是距今2万年前。这个时间非常晚，已经不属于我的研究领域了。

F.B.：**您如何解释智人在形态学上的成功？毕竟，您为我们详细描绘了近代人类身上发生的丰富变化。**

I.C.：智人在形态学上的成功与史前人类丰富的变化有关，如何解释这一点，其实我的疑问比答案多。比如，人类历史上发生过改变了他们与世界的关系或者个体间相互关系的认知革命吗？的确有这么一种可能，但我不知道它发生在何时。显然，我们会想到象征物、抽象表达以及艺术的出现……实际上，如果我没弄错的话，从4万年前开始，特别是象征出现之后，对晚近时期的考古发现和化石记录极大地丰富起来。可能上游发生了一些我们尚不知晓但意义非凡的重大变化。虽然我们的认识能力会受环境所限，但我们很早就发展出了这些能力，并懂得如何利用它们。我们面对的难道只是这些认知能力超级特化的结果？我们会不会只是自然的一次试验？有一种老生常谈的论调，即人类是一种扩散性很强的物种，唯一能够摧毁人类环境的就是人类自己。果真如此吗？就不会有别的什么，尤其是细菌？当然这是另一个层面的故事了。

F.B.：**换句话说，我们需要了解智人是靠自己取得了成功，还是环境和历史因素成就了智人的辉煌？**

I.C.：两者都有吧。以我们都感兴趣的语言为例，语言不重要吗？它能让我们摆脱时间的束缚，赋予事物恒久的概念，传递复杂的信息……但尼安德特人也使用语言，因而语言不是决定性的标准。然而，有一种关乎行为的事实让我着迷。我们通常会用群居或独居来形

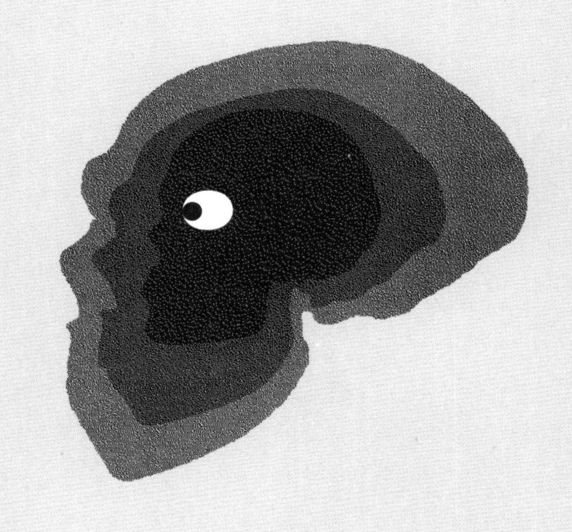

丹尼索瓦人

丹尼索瓦是位于西伯利亚的一处洞穴，洞穴中遗留的居住痕迹可以追溯到旧石器时代中期。在探明的遗迹中我们发现了一个保存得比较好的人类群体，可以用于基因分析。结果表明，在此生活的人类既不是智人也不是尼安德特人，但他们和尼安德特人属于同一类，都是高级直立人，只不过他们属于亚洲分支。丹尼索瓦人的存在证明了这一时期的人类具有丰富的多态性。就像欧洲人携带了尼安德特人的基因一样，我们在现代美拉尼西亚人和巴布亚人身上发现了一定比例的丹尼索瓦人基因。

容一个物种，但智人兼而有之，这是本性使然。我们不仅想要确认自己属于一个群体，也想在群体中以个体身份存在。这种对立促进了创新，为一次改变、一点儿进步、一场进化提供动力。

F.B.：诚然，人类社会充满对抗和竞争，但社会能有条不紊地运行是众望所归，因此人类会花时间管理社会。我们有理由好奇，这是不是一种带有现代性的行为特征？早期的社会形式是否也没有那么同质化，并一直在稳定运行？从某一时刻开始，群体的整体运作和群体内部个人发展之间的复杂平衡可能就成了行为突变和创新的动力。无论如何，在长达15万年的时间里，某种生物多样性的减少促进了智人的发展，古老的形态特征都消失了。与此同时，文化行为大量出现，这不仅促进了群体中和群体间个体化的发展，还孕育出一套被广泛接受的有关身份认同的社会规则。我们需要弄清楚这两种情况的成因，而反映这两种情况的现象还有待详细讨论……

舞台已经搭好，此后智人进入了人类谱系。诚然，智人的生物进化历程比我们所想的要复杂得多。但无论智人承载着多少古老的人性，他们都的确是人类进化过程中最后一个伟大阶段的主要参与者。无论远古人类留存至今的痕迹多么隐秘且富有争议，智人内部都差异巨大，正如伊莎贝尔·克雷夫科尔展示的那样。古人类的很多分支并没有延续至今的后代，都消殒在历史的长河之中了，不仅尼安德特人如此，史前智人也不例外。可是，无论他们在我们身上留下了怎样的生理特征，所有那些过去的人类种群都共同促成了人类的行为进化，难道不是这样吗？我们继承了他们的行为。

长期以来，我们都希望“解剖学特征的现代性”和“行为上的现代性”能保持一致，以便为我们人类划出一条界线。这不仅符合生物学上的事实（同一物种具有同等感知能力），也符合人道主义的要求：两个世纪以来，种族主义引发了一系列糟糕而可怕的事件，为

我们智人的家园划出共同的底线已成为当务之急。为此，没有比将其诉诸人类最明显的精神特质更好的做法了。所有人都会认可这一点。从考古学的角度来看，这尤指死亡与墓葬、身体装饰和艺术作品。

我们在接下来的章节中就会讨论这些内容。但在此之前请注意，对某些证据（墓葬、装饰和艺术）的着重阐释，似乎在这些人类种群创造的象征世界与他们在经济和技术层面的世俗追求之间划了一道分界线。当然，事实并非如此。一方面，我们将尽力衡量这些符号表达背后的社会学基础的重要性；另一方面，我们也将探讨作为其基础的意识形态是如何帮助我们认识社会的。这也是为什么在研究智人的坟墓或者欣赏他们的壁画之前，我们先要与他们“相见”，并努力深入他们的日常生活。

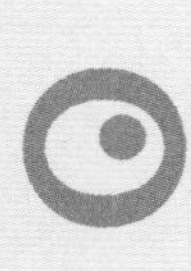

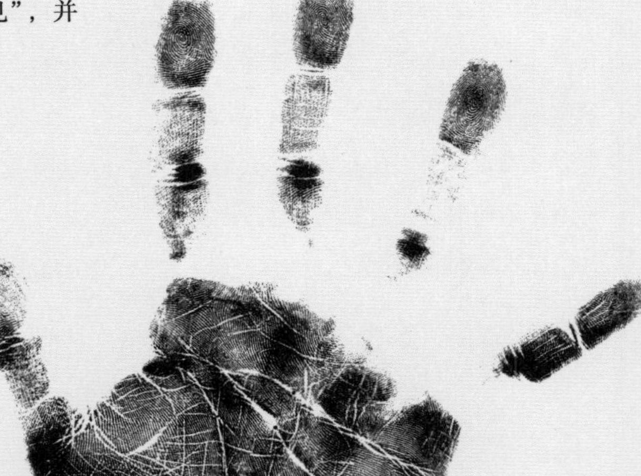

3

3 火堆旁的身影

每个人都有自己先入为主的看法。在你的想象中，生活在旧石器时代的男男女女可能冻得瑟瑟发抖，蜷成一团，一个紧挨着一个。然而，他们其实懂得如何适应冰期循环和气候变暖带来的变化，虽然对此我们难以想象。举例来说，旧石器中期（距今30万至4万年前）的智人和尼安德特人经历了3次冰期和3次间冰期，每个阶段持续的时间从数千年到数万年不等，一切都处于变化之中：冰川来来往往，海平面起起伏伏，新的陆地和连接大陆板块的路桥刚显露出来就又没入水中。那些继他们之后生活在约4万年前（旧石器晚期，4万至1万年前）的人类，特别是居住在欧洲的一脉，经历了最后一次冰期。我们将深入他们的群落，进行观察，并发现他们其实已经能很好地应对气候变化了。

回到8万年前

驯鹿和野牛都是可供选择的猎物，人类长期以来一直是超级捕食者。如果我们的故事始于此处，即在我们所称的“旧石器时代中期”，人类已经在热带的草原、稀疏的树林和山麓的灌木中生活了好几十万年，并进化出了不同的种类。

肩上扛着摄像机，我们想要捕捉能反映智人生活状态的画面，去他们的住地一探究竟，深入他们的日常生活。然而，画面模糊不清。第一个教训：如果你出发去找寻他们，就等着被震惊吧。首先，与我们普遍的看法相左，不要只盯着洞穴和隐蔽的地方，试着把镜头转向河流拐弯处、岩石下方以及大风呼啸而过的高原，也能很容易发现他们的身影。要想找到他们，首先需要理解这群非定居的狩猎者在想什么。但这也很困难，因为地形发生了变化，他们捕捉的野兽离开了那里。此外，我们对猎物的行为也不怎么了解：它们的迁徙走廊是怎样的，偏爱什么样的生活环境，等等。追逐动物们的猎手可能会待在利于观察地形的制高点或靠近动物饮水处的河流浅湾，以便观察它们的行踪。他们一定也会利用地面天然形成的陷阱（峭壁之间的山谷、喀斯特高原上的溶洞）捕捉大型猎物。显而易见的是，他们居住的地方不必紧挨狩猎区域，也不用位于视野良好的高处，可能就藏在隐蔽的角落。这都取决于猎物本身以及他们想如何处理猎物。举个例子，在击杀了一头重

“在击杀了一头重量超过700千克的野兽（比如一头野牛）之后，他们是选择直接在野兽的尸体旁安营扎寨，还是把它切割成块，挑选最美味的部位带回住地？”

量超过700千克的野兽（比如一头野牛）之后，他们是选择直接在野兽的尸体旁安营扎寨，还是把它切割成块，挑选最美味的部位带回住地？或者他们更愿意捕捉小一点儿，如驯鹿之类的猎物，以便整只运回去？你肯定能猜到，这些情况其实都会发生。每处考古遗址都讲述着各自发生的狩猎逸闻，考古学家试图从中抽象出模型，以便了解当时猎人们的想法。尽管模型众多，但多少都受到相关环境特征和以狩猎为基础的社会关系形式的影响。

来到他们的住地附近，你会看到谁？有男有女，有些人可能相当年轻，肯定还有小孩子，也会有某个50岁出头、德高望重的老人（能轻而易举地确认他的年龄吗？）。彼时，人们的寿命不长，因为捕猎会发生意外，分娩也会遭遇不幸。尽管有一两个跛脚或者缺胳膊少腿的人，不过你会发现其他人都很健康，营养充足，没有摄入过量糖分，也不曾遭遇严重的卫生健康危机（那时还没有家禽，也就不存在禽流感）。随着我们距离他们的住地越来越近，径直钻入鼻腔的是一股什么味道啊？气味相当浓烈，可能来自刚被开膛破肚的羱羊，更可能来自腐烂的猎物碎块，这里一点儿那里一点儿。显然，气味的浓烈程度与当地的温度大有关系。天气寒冷的时候，除了火堆旁，到处都冻住了，味道也不容易扩散。如果经常为此出没的秃鹫和鬣狗也不来光顾的话，气味肯定更加令人难以忍受，甚至让人没法呼吸。他们迎接你的时候穿着什么样的衣服？显然，他们的着装因地域和气候而异，穿什么的都有。不过，有一个问题还是难以回答：从赤身裸体到用兽皮裹身（有些经过精心缝制甚至还有扦边），是因为他们开始萌生羞耻心了吗？

制作者何人？制作何物？

你很快就不再执着于这些无法回答的问题了，打制石器吸引了你那史前史学家的目光。它们四散在地上，特别是在住所附近。你仔细观察它们。此时，另外一个人打开兽皮小兜，向你展示他随身携带的石器。他们可能会感到惊讶，或许源于你对石器别样的关注，或许是知道了你认为这些小玩意儿非常重要。可能这听起来有点儿让人不悦，但我敢打赌，他们惊讶之余表达出的嘲讽多过敏感和猜疑。不管怎么说，你都不会失望，你从未见过这般精美的石器。不过，需要指出的是，也只在那时，这些石器才处于最佳使用状态。你瞧这枚刮削器！黏糊糊地沾满了脂肪，还带有血迹，但依然锋利无比。我敢说，只要看看一两个正在打制石器的人，你一定会惊叹于他们娴熟的手艺。当然，你见过有人尝试复刻这些器具，也能很快地制作出来，但你从未见过这一整套动作能如此流畅迅速地完成。令你震惊的地方还在于，你从未想过砍砸器可以这么拿，或者那么大一块石头也能被人毫不费力地握在手里。表面上看似轻而易举，但你也知道，他们使用的技术其实相当复杂，要想熟练掌握并控制自己的动作，需要练习很长时间。举例来说，展现在你眼前的是著名的“勒瓦娄哇技术”（想要剥离石块的碎片，勒瓦娄哇技术自有一套精细的方法，只有这样才能获得所需形状的石片），用于生产一系列刀状器、尖状器和刮削器，制成的器具锋刃明显、轮廓清晰。这样一来，如果你发现角落里有一两个小男孩正尝试打磨石块，也就不会感到惊讶了。尽管他们想要成为灵巧的匠人，但拙劣的手艺可能会让后世的考古学家颇感头疼。

一场狩猎正在酝酿之中。是周围突然闯进了猎物，正好可以捉来享用一番，还是凭着对地形的熟悉，怀着能有一番收获的心情，出发去碰运气呢？我们不得而知。是谁出发去打猎了？有男人，可能也有女人，具体情况无从得知。不管怎样，他们出发时成群结队。纵然他们的狩猎装备看上去原始简陋，因为他们手中只有长矛，必将与猎物近距离搏斗，但他们的战术和团队配合行之有效。诸如投矛器之类的武器当时尚未发明。

他们的临时居所到底是什么样的？

遗憾的是日光将尽。暮色四合之时，智人围在火堆旁，身形难以区分，借着火光投在地上的影子也模糊不清。一个小栅栏能挡得住风吗？他们有茅屋吗？他们有睡袋那种东西吗？他们会互相取暖吗？他们会围坐在火堆旁讲故事吗？此外，这里究竟有多少人？早上，他们都出门去了，地上散落着直到晚上回来都用不到的东西。20多千米外是另一处居所，他们也会去那里小住几周或者几个月。你瞧，他们为什么丢下这枚小巧的手斧，它看上去仍很锋利。但说句实话，为什么要给自己增添负担呢？他们知道自己要去哪里，也知道在哪儿能找到燧石矿脉和石英石资源丰富的河岸，这些都是制作手斧的原料。他们对自己生活的土地了如指掌，想去哪里就去哪里。以年为周期有规律地迁徙不仅能让他们自给自足，还能让他们拜访熟悉的邻居。家庭？那时的家庭又是什么样呢？又一次，画面变得模糊，我们也不知道彼时的家庭到底意味着什么。我们只是看到了一些构成人类社会的男

“他们知道自己要去哪里，也知道在哪儿能找到燧石矿脉和石英石资源丰富的河岸，这些都是制作手斧的原料。”

男女女，他们发明了那个社会适用的规范（甚至认为这套规范能够永存），但我们并不理解。

还有，这些人是智人还是尼安德特人？这取决于你身处世界的哪个角落。如果你获赠的是一块来自比利牛斯山脉的羱羊腿肉，那你遇到的就是尼安德特人；如果你能品尝到羚羊肉，还能欣赏到东非大裂谷的落日，毫无疑问你遇到的就是智人。要是你在位于欧洲和非洲之间的中东地区，那你遇上的要么是智人，要么是尼安德特人（甚至两者都有）。但不管怎样，从行为和生活方式上很难将两者区分开来，因为在旧石器中期的这段岁月，他们一直共享着同一片土地。其他方面也是如此吗？他们对待死者的方式以及着装打扮都一样吗？我们将在接下来的章节里一探究竟。现在，让我们闭上眼睛，穿越时空，来到3万年前，也就是旧石器晚期。我们注意到，这些人的日常生活发生了变化。

再回到3万年前

“它在那儿，它想要什么？”最初，你惊讶地看到有一只狗向你跑过来，姿势有点儿滑稽，但它没有看向你的眼睛，只是不停地围着你转，还低沉地叫着。它的背后是一处人类聚居地，此处规模宏大，一眼望不到头，里面一座茅屋挨着另一座。毫无疑问，这次真的是茅屋（注意，我没有描述茅屋长什么样，因为我没留意）。茅屋周围有一些人，至少10个，无所事事。他们的衣着和肤色着实令你吃惊：兽皮衣服花样繁多，手、胳膊甚至脸上都用赭石颜料涂成了红色。他们还有首饰，胸前缀着几排珍珠，发间饰着贝壳，前额还系着一条饰有象牙的带子。虽然想不明白这些东西究竟传递了什么信息，但你也能猜到这些服装和首饰绝不只是为了保暖或者好看。不管怎么说，所有人都这么打扮，小孩子也不例外。

人们进出茅屋，在住地各处行走：这里，似乎更像个屠宰场；那里，在大本营附近的空旷场地，有人在剥兽皮。但我们还是很难弄明白这里的组织结构是怎样的。这座茅屋属于谁？那边的劳作场地是私有的还是公有的？尽管如此，一切似乎都在井然有序地运行着。比方说，我们可以假设这些茅屋不仅为这些居民遮风挡雨，还能将居住区域和外界区分开来，勾勒出家庭或者说“社会单元”的轮廓。之所以这么说，是因为那个时代出现了严格意义上的家庭吗？乍一看，所有人都各司其职，有制作石器、骨器的，有制作颜料的，有分割完野牛再处理肉类、内脏和外皮的。当然，男女之间也可能存在某种劳动分工，女孩儿们专注地看着母亲干活，男孩儿们则模仿父亲努力打制燧石或者制作标枪，以此取乐。这些场景，你应该都见过。

能工巧匠

若你身处欧洲，由于严寒，在所有劳动中，与兽皮相关的那些毫无疑问占据着重要位置，因为兽皮能用来制作衣物和茅屋的防护罩。这些燧石薄片不是用来处理兽皮的工具吗？那些加工过的骨头不是担负着被制成镘刀和凿子的使命用来软化和缝合兽皮的吗？另一项让他们投入大量精力的工作便是制造武器。围拢在火堆旁的打磨匠人构成了多么动人的画面。看啊，他们小心翼翼地从燧石上剥离出薄片，再打制成尖状器，安装在木棍的一端或者边缘。那些尖状器有着锋利的刃部，能刺进猎物的身体，加速猎物流血以致死亡。如此一

来，人们就不用再追着猎物气喘吁吁地跑上好几千米了。把木头加工成棍棒、把石头加工成尖状器还不是武器生产的全部。那里有个工作间，有人在锯什么东西，不是驯鹿的角就是猛犸象的牙。它们能被制成标枪尖头，或是虽然没有燧石锋利却更耐冲击的尖状器，能刺穿任何动物的皮毛。大部分武器都是投掷类武器，它们的巨大优势在于能让猎人远离猎物。然而，你并不知道这究竟是什么武器，如果你看到他们投掷的尖状器不是用手而是用一种投矛器射出去的，那么他们使用的也很有可能是弓。毕竟，除了弓箭，你实在想不出如此之小的燧石尖状器还能安装在哪里。

使用这些武器的猎手究竟是谁呢？很难确定他们的性别和年龄。是只有男人可以使用它们，还是说女人也可以？他们是从几岁开始练习使用这些武器，而不再把它们当成玩具的呢？答案依然无从知晓。只有一件事多少是确定的：人们会根据猎物选择合适的狩猎策略。如果是围捕野牛，就团队行动；如果是追逐驯鹿，那还是人少一点儿好。当然这并不意味着捕获的猎物不再由集体共享，只是说明完成某些需要与集体紧密协作的任务，比如狩猎，需要依赖有社会地位的个体。此外，从他们佩戴的饰物上我们能够窥见当时的社会规范，也许这两方面遵循着同样的发展方向。但有一个问题悬而未决，彼时的集体究竟意味着什么？想象一下你清点了住在此地的人数，有十来个，还算上了那些可能已经出门捕猎的人。他们在这里的聚集反映了一种怎样的社会形式？

合流

事实上，没有证据表明这十几个人永远不会分开，尽管他们已经组成了三四个家庭。相反，一切迹象都让我们相信，他们在这里共同生活几周甚至几个月只是偶然。他们彼此知根知底，说同一种语言，你也能猜到他们之间有一定的亲缘关系，比如这个人可能是那个人的岳父，等等。然而，在共同生活了一段时间之后（共享时间、食物、财产和故事等），他们可能奔向四面八方，或许数月或者数年后还会重逢，但也不一定。在这三四个家庭里，有一家可能是专程赶来与另一家见面的。他们似乎只是交流了一下在不同地域的生活经验，一家可能靠海而居，而另一家傍山而居。至于这位孤独的年轻男子，他是来寻找伴侣的吗？又或者是几天后即将落脚此地的家庭派来的前哨？可以确定的是，多样的生产资料和生活资料恰恰说明了这群人四海为家：用来制造武器和工具的岩石，用来打造首饰的贝壳，从矿石中提取的红色或黑色颜料，用来制作服饰的动物骨骼，更不用说兽皮了……要想获得这一切，他们每年要迁徙几十万米，还要根据季节变换和环境的差异调整频率。我们在跟一群翻越千山万水赴同胞之约的人打交道，他们熟稔辽阔的天地，而社会关系将他们彼此连接起来。在此团聚绝不只是为了分享野牛之类的围猎硕果，还有很多其他原因，其中之一便是亲缘关系网络，那是他们最完善的社会组织形式。他们可能很快就会一起或独自去往别处，参加将要举行的仪式，可能是带有宗教色彩的仪式，也有可能是葬礼，还会涉及一些人的艺术实践。他们用某种特殊的方式分割马肉或者准备染料，为仪式做准备，但你理解不了。

“可以确定的是，多样的生产资料和生活资料恰恰说明了这群人四海为家。”

不管怎样，他们最后还是要踏上征途，你不禁好奇这么一大堆东西他们该如何带走。特别是铺在茅屋上的兽皮应该很笨重，远非几袋石质或骨质器具以及制作染料的原料所能比，毕竟那几包东西人们扛在肩上就能走。你等不到弄明白他们怎么处理了，那几只带着戒备在你身边绕来绕去的狗可能是专门拉雪橇的。为了携带更多的物品，同时更快速地前进，他们会选择在下雪天结了冰的日子出发。如果足够冷，河流就会上冻，让人很容易穿过去。要想一路上不挨饿，并且随时能在想要驻扎的地方停下，他们还会随身携带几包风干的肉块，里面可能还掺着一两条鱼干。

一场正在发生的变革

这两个场景分别表现了旧石器时代中期（8万年前）和晚期（3万年前）的人类日常生活，尽管模糊不清，但也体现了这段时期发生的一些变化。我们不知道如何准确描画他们的形象，只是根据我们发现的为数不多的遗迹，草草画了几笔。他们见证了一场缓慢而隐秘的变革。远处，显然是我们似曾相识的场景：四海为家的狩猎－采集者，灵巧的匠人，勇敢的猎手。而第二个场景有了更加清晰的轮廓，它所呈现的社会已经有了我们熟悉的特征，尽管我们很难解释这个社会的运行规则。从某种角度来说，这些社会在我们看来是“原始的”。而当我们把目光转向8万年前的那个场景时，我们会感到更加难以理解。要不是他们的后代如今欣欣向荣，要不是他们的遗迹存续至今，哪怕花上10倍的想象力，我们也很难理解“画作”想要表达什么。是不是因为第二个场景展现的旧石器晚期的“原始社会”都是智人的杰作，所以我们才更容易理解呢？或许吧，但我们得承认，旧石器中期的智人与他们同代的尼安德特人对我们而言都很陌生。我们可能还需要探究他们生活的其他方面，比如与死亡的关系和对其象征的表达，才能弄明白这一切。

4

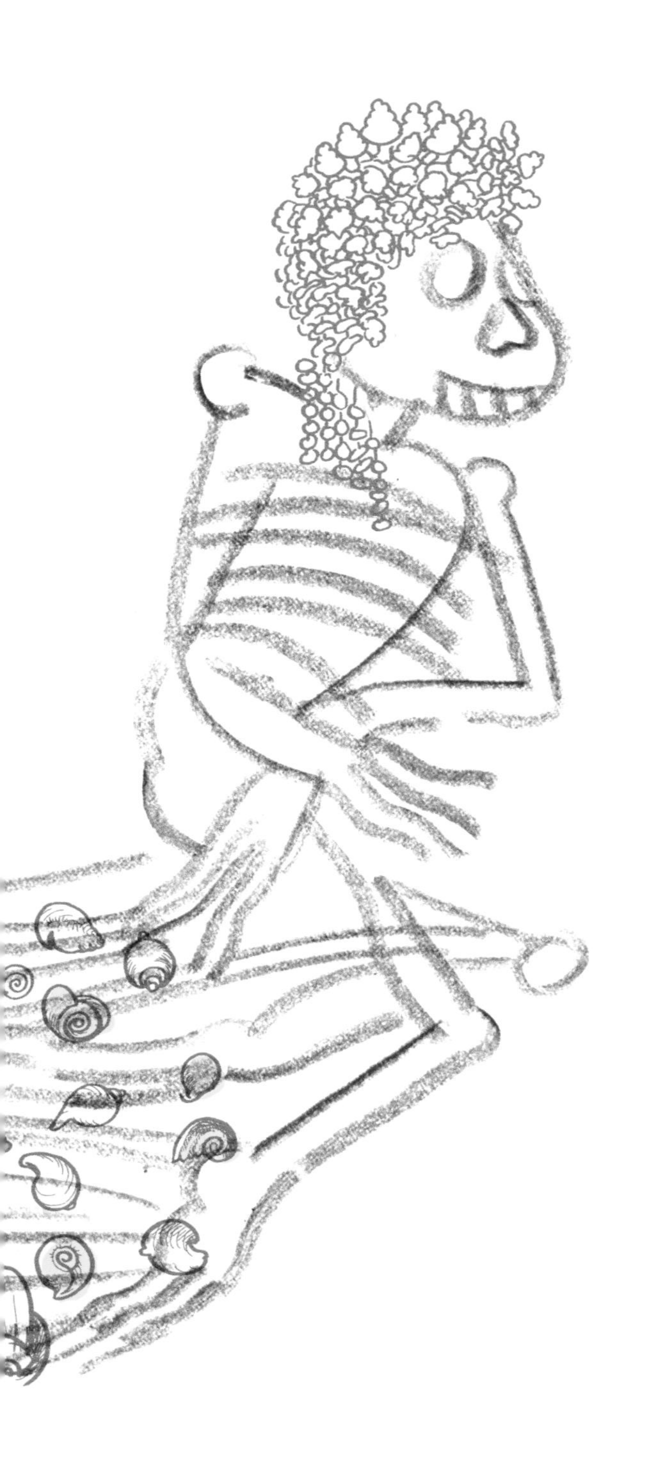

4 一只脚踏进坟墓

“生存还是毁灭？”这句名言最早究竟出现在何时？历史告诉我们它首次出现在英格兰南部的某个小剧院，距今不过400多年。它触发了怎样的情感？这些情感的产生又能追溯到何时？这句话涉及的问题是否如世界一样古老？为了感受它的生命力，我们需要潜入人类古老的意识，而那些意识触发了智人和尼安德特人共有的人性。

死亡意识

如果说有什么是旧石器时代的祖先给我们留下的沉重负累，那一定是对死亡的意识。这么说似乎有点儿突兀，但事实上，任何关于人类自身以及人类如何表现死亡的探索都绕不开史前人类最初的表达实践，尽管那其实并不容易解读。和之前一样，让我们先去研究距今10万至4万年前那段时期，再将目光投向之后的3万年，直到距今1万年前旧石器时代结束为止。

最早的墓葬大约出现在10万年前，首次发现于加利利的斯虎尔和卡夫扎两处遗址。这并非孤例，我们还在非洲南部的边境洞穴发现一处同一时期的墓葬。接下来的几千年，墓葬文化缓慢扩散开来：从中东到中亚和欧洲，再到澳大利亚，陆陆续续的发现加在一起也不过几十处。最古老的墓葬均出自智人之手（边境洞穴人、斯虎尔人和卡夫扎人），后来在欧洲以及中东某些地区发现的则更像尼安德特人的作品。对此，有一种观点认为，在遥远的过去，人们埋葬尸体不是出于对死者的尊重，而是出于对卫生的考量。然而，遗址里猎物的累累尸骸可与兽穴媲美，但凡发掘过那些遗址，都会明白这种论调有多荒谬。如果他们挖一个坑，专门为了放置死者的遗体，卫生问题就绝不可能是首要考虑的因素，他们用这种方式处理遗体一定出于别的原因。根据某些遗址中物品位置以遗体为中心的摆放方式（在卡夫扎遗址中，一具青年的遗体被放在鹿角上），我们可以确定它们显然是正式的墓葬。

“最早的墓葬大约出现在10万年前，首次发现于加利利的斯虎尔和卡夫扎两处遗址。”

还有什么？

然而，与墓葬有关的仪式以及人们如何表现死亡依然很难解释清楚。与此同时，我们也在努力探究其他地区没有发现这一时期墓葬的原因。有些墓葬，特别是欧洲尼安德特人的墓葬，还存在食人行为的痕迹，我们不知道该不该把它看成仪式的一种。当然，我们也能想象可能还存在其他处理尸体的方式（尸体完全暴露在外或被扔进水中等），但缺乏考古学上的证据。总之，虽然我们所知不多，但毫无疑问，这个阶段出现了早期与生命的消失有关的仪式。

“我们在有30万年历史的两处遗址中发现了类似的表达，一处位于我们之前提到过的西班牙阿塔普埃尔卡，另一处位于南非的‘明日之星’洞穴。这两处遗址里的尸体都被堆叠起来，十分怪异，似乎并非出于偶然。”

更古老的表现方式可能也存在，我们在有30万年历史的两处遗址中发现了类似的表达，一处位于我们之前提到过的西班牙阿塔普埃尔卡，另一处位于南非的“明日之星”洞穴。这两处遗址里的尸体都被堆叠起来，十分怪异，似乎并非出于偶然，更像是一种把尸体集中在一起的特殊处理方式（此处指把尸体放进地穴的狭窄坑道里）。如果这种行为确如我们所想，是一种处理死者的方式，那么这就意味着，在智人和尼安德特人活跃于世界舞台之前，远古人类就已经意识到死亡的问题。南非“明日之星”遗址里掩埋的人类个体，其生物学身份还有待研究确认，古人类学家为此争论不休。尽管如此，这些纳莱迪人或许正是直立人的亲戚，而阿塔普埃尔卡发现的个体则是勇敢的前尼安德特人。

让我们再来回顾一下人类早期的墓葬吧，它们都出自智人或者尼安德特人之手。然而，必须承认，即便是在墓葬最为集中的地方，如中东（除了斯虎尔和卡夫扎，还有沙尼达尔、阿马德、基巴拉和塔邦遗址）和阿基坦盆地（最著名的遗址要数拉沙佩勒奥圣、拉菲拉西和拉基那），哪怕再加上中亚（特锡克－塔什）、克里米亚半岛（斯塔罗采里耶），以及比利时阿登山区（昂日斯）零星分布的地点，我们能够分析的样本数量也非常少，加在一起也就几十处，因此很难总结出什么整体特征。不过，我们还是能从中看出一些端倪。首先，大多数遗址只有一具遗体，但不少遗址（如斯虎尔、卡夫扎和拉菲拉西）也出现了多具遗体。遗体被埋葬于族群生活空间内，历经数百年甚至上千年，但这并不意味着出现了严格意义上的大墓地。可以想象非定居的先民经常在此居住，久而久之，这些地方就变成了反复使用的墓地。与墓葬相关的家具，至少是我们认为专用于墓葬的家具仍然十分罕见。埋葬遗体的地方自然会有许多遗骸，而在住处挖一个用来埋葬尸体的深坑也再正常不过了。地面上是否有表明坟墓存在的标记也无法确定。遗体的摆放同样五花八门，没有重复出现的姿势可供描述。最后，我们能得出唯一重要的结论便是：所有人类社群中的个体在去世后都会受到这种待遇，男人、女人和孩子会在死后“重聚”。

“遗体被埋葬于族群生活空间内，历经数百年甚至上千年。”

有些遗体佩有装饰

自4万年前起，虽然墓葬文化延续下来，但掘墓人和被埋葬者只剩下智人。追根溯源，远古时期的墓葬文化并没有发生太大改变，因为已发现的墓葬数量有限，分布的地域和时期过于集中，存在大量空白，我们对他们处理死者方式的研究也陷入停滞。遗体的摆放和葬礼行为各不相同，自然也就不存在统一的范式。筛选被埋葬的人与前一时期相比似乎没什么不同，但仔细研究还是可以发现不少差异。首先，这一时期的墓葬体现了社会的进步（我们将在下一章专门讨论这一演变）：大多数情况下，遗体都佩有装饰，有些甚至相当丰富。通过这些饰品，我们得以窥见彼时的服饰艺术。装点身体不同部位的多样化饰品（成排的象牙珠、动物牙齿、穿孔贝壳）也暗示了衣帽、背心、皮带或者靴子的出现，这些饰品都被缝在上面。其次，在对死者的筛选和墓葬集中这两方面，我们观察到了更加明显的差异。在旧石器时代末期的马格德林文化中，尽管所有类别的个体都有机会被埋葬，但真正被埋葬的个体只占人口极小的一部分。而在同时期其他人类种群中，人们还会用其他方式处理遗体，比如分尸，或许与诸如食人之类的仪式有关，我们在他们生活的空间里观察到了这类残迹。差异化的处理方式是否说明当时已经有了社会区分？在更早一点儿的格拉韦特文化中我们也能看到此类现象。某些墓葬彰显出的财富表明墓主享有特殊的身份和地位。格拉韦特文化的另一特殊之处在于，当时很可能存在多个

马格德林文化

马格德林文化是旧石器时代晚期最后一个阶段的代表文化，距今约1.7万至1万年，以用鹿角、骨、象牙和燧石制成的各色雕刻器、刮削器、石钻、石刀和叶形投掷尖状器为特征。该文化最早发现于法国西南部多尔多涅省蒂尔萨克附近的拉马德莱纳史前遗址，加布里埃尔·德·莫蒂耶据此为之命名。这一时期充满艺术气息，人们精湛的艺术技巧反映在众多岩画中，比如拉斯科、阿尔塔米拉、鲁菲尼亚克、尼奥等洞窟。

格拉韦特文化

格拉韦特文化命名自法国多尔多涅省贝亚克村附近的格拉韦特遗址。平直的小尖状器是该文化的典型石器。格拉韦特文化伟大的艺术创作包括佩谢·梅尔洞窟里奔腾的马匹，加尔加斯和科斯奎洞穴里的手印，此外还有展现女性身体的小雕像，以石灰石雕成的沃尔道夫的维纳斯和以象牙雕成的布拉桑普伊女士最为著名。

墓地，或许出现了大墓地，换句话说，出现了专门用来埋葬死者的地点（即便只埋了几个人）。最著名的案例莫过于佩里格地区的屈萨克洞穴，虽然我们对它的研究才刚刚起步。洞穴中，数具尸骨放置在带有装饰的岩壁之下，位置环境与通常情况下坟墓所在的居住区域明显不同。当然，我们也会想到佩里格著名的克罗马农人洞穴，洞穴里成年人和未成年人的遗体混杂在一起，至少有五具，被放置在曾经用为住所的空间中。

死者追随生者

上述案例均来自欧洲，因为有关这个时期，该地区保存了最多的信息。到旧石器时代晚期，即距今1.5万至1万年前，情况有所变化：在尼罗河谷以及环地中海的多个地区（马格里布、黎凡特）展示出了另一种场景。某些遗址出现了名副其实的大墓地，集中了几十具死者的遗体，以苏丹捷贝尔·撒哈巴遗址最为著名。另一些遗址中甚至能发现上百具遗体，其规模前所未有。他们都被埋葬在居住地或者居住地附近。在此之前，只有零星分布的墓葬。我们该如何解释这种变化？首先，旧石器时代末期的这段时间正逢末次冰消期，人口显著增长，定居行为也开始出现。住所固定之后，为何墓葬会集中在同一地点就可想而知了。其次，此前过非定居生活的人们会季节性地居住在某些地方，那么彼时墓葬广泛而零散的分布也能说得通了。

让我们把已知事实串联起来

如果我们整理一下这一时期墓葬里发现的遗骸，无论它们是谁，来自哪里，全部加起来也只有几十具，不足一百具，在最后的几千年里数量才骤增。显然，我们无法根据如此有限的样本做出任何合理推论。不过，我们还是能从中获取一些古社会学信息，从死者的世界探寻生者的秘密。首先，需要强调的是，在所有处理遗体的方法中，埋葬死者是唯一能留下痕迹的方法，很容易为后世考古所发掘，因此我们能找到这几千年里零星出现的墓葬。在很多情况下，人们会用其他方式处理死者的遗体，但留下的痕迹不多，甚至没有任何痕迹。

距今10万至4万年前，当埋葬死者的行为出现之后，种种迹象表明，此时人们对待死者一视同仁。而自4万年前开始，在同一文化中对死者的处理方式出现了差异（有些被埋葬，有些没有），而某些墓葬中有着丰富的装饰，体现出政治方面的变化，这正是社会区分的先声。让我们先简单指出这一事实，而不做进一步解释，我们稍后会再来说这一点。但是要记住，即便出现了社会区分，也并没有以牺牲某一特定类别的人为代价，不管是男人、女人、孩子，或者婴儿。这些墓葬也能让我们就这些狩猎－采集者的非定居生活和领地划分提出疑问。前一阶段某些遗址里群集的墓葬很容易让我们想到，生活在这里的群体更稳定，流动性更弱，与之前分散的墓地形成鲜明对比。而在某些格拉韦特文化遗址中，特别是到旧石器时代末期，地中海某些地区出现了定居行为，这足以解释为何在同

末次冰消期

末次冰消期（距今约1.8万至1.1万年）在古气候学中指更新世的最后一个阶段，在我们目前所处的全新世冰后期之前，对应更新世末次冰期（阿尔卑斯山地区的维尔姆冰期）的最后一个亚冰期，在此期间，全球气候转暖，间或有寒冷时期。

一地点会集中大量坟墓。鉴于当时人口稀少，如果你在同一地点发现了多个墓葬，说明经常有人居住于此。最后，无论时代远近，史前时期人们通常都把遗体埋葬在居住区里，这似成定规，但在格拉韦特文化中，特别是在末次冰消期期间，我们也能频繁观察到人们会对死者世界和生者世界之间加以区分，因为出现了真正的大墓地，尽管非常有限。

基于这些古社会学角度的考察，我们是否应该更直接地去思考这块情感激荡的土地所生发的精神性？遗憾的是，我们无法根据这些行为还原彼时人们的信仰。对死亡和生命消失（至少是肉体消失）的表达如何影响了这些人的心理？这种表达反过来又对思维的诞生产生了多大影响？

5

5 珠宝的前身

旧石器时代的男男女女朝我们款款走来，他们身上佩戴着各种小玩意儿。饰有贝壳和珍珠的身体似乎在向我们讲述着什么，尽管我们对此所知甚少，但也并不陌生。我们差点儿忘了，这种如今已非常普遍的行为肯定有它的来龙去脉。为此，我们需要回到遥远的过去追根溯源，寻找动机。

自我的外在化

故事的下文我们都知道：你安静地坐在那里，阅读着书中的一行行文字。于是，你和写下这些文字的我之间建立了某种联系，尽管我们素未谋面，而且可能永远不会相见。书写显然是人类历史上最重要的文化现象，它使思想脱离肉体独立存在，摆脱了必然消失的命运。

书写的发明始于人类历史晚期，对其过程的描述超出了我们的表达能力，因为史前时期恰恰是由文字记录的缺失来定义的。我们通过文字记载知晓的历史人物，无论他们是英雄还是国王，是作家还是诗人，最久远的只能上溯到几千年前。美索不达米亚以及尼罗河河谷地区出现了早期的文字记录，或是被刻在黏土板和石板上，或是被抄写在莎草纸上，最古老的文字距今也不过5000多年。在此之前，只有一片空白！史前人类无名无姓，面目模糊，没有留下任何记忆。同样需要记住的是，最初出现的文字并非用于讲述或者传播故事，而是用来记录、管理琐碎的信息：缴纳的税金、达成的交易等，直到后来文字才被宗教和政治接管。文字出现的背景，也就是文字诞生时的社会，肯定与本书提及的狩猎－采集者所处的社会有天壤之别。后继的文字发源地，如中国和中美洲，也表明文字的出现和国家的诞生息息相关。无论如何，文字都不是凭空出现的，我们还得回到旧石器时代寻找它的根源，而那或许就深埋于地下。

“无论如何，文字都不是凭空出现的，我们还得回到旧石器时代寻找它的根源，而那或许就深埋于地下。”

让我们重新阅读考古学家安德烈・勒儒瓦－高汉（André Leroi-Gourhan）

的著作。尽管他的作品，包括代表作《姿态和话语》(1964—1965)在内，在今天看来有些过时，但他就我们这里提出的问题做了精彩而丰富的论述，还特别提出了“外在化”的概念。如果用几句话来概括，可以说人类在发展过程中存在一种促进某些机能外置的趋势，首先通过工具体现出来。从人们手里握着的石质工具、用弓射出去的箭，到通过按钮就能控制的机器，这些手段让人体得到“延伸”，而其自身也在不断发展。如此一来，通过技术，人类逐渐将改造世界的工具从身体外置出去。根植于漫长史前时代的这一趋势，绵延数千年，贯穿所有社会形式。除此之外，还有一种同样重要的外在化现象，即通过创立符号实现的思想外在化。这不仅能实现人与人之间面对面的交流，也能让人与看不见的力量进行交流，甚至能帮助生者与逝者或不在身边的人进行交流，而后者的存在则通过与死亡有关的符号表现出来。

“除此之外，还有一种同样重要的外在化现象，即通过创立符号实现的思想外在化。”

从自我到他人：规范

让我们举一个简单的例子。今天早晨，你可能搭乘了地铁或公交，或是在街上行走。一路上，你遇到了形形色色的陌生人，你没和他们说话。你可能正目不转睛地盯着手机，或是在看报纸，但仅靠眼睛的余光就观察到不少人，也可能对他们有了一点儿了解，因为无论是有意还是无意，他们都在向你传递信息，通过他们身上的装饰物（衣服、首饰、发型、雨伞、帽子等），你能理解其中一部分。当然，理解或是感知全部的信息是不可能的，这很正常，因为人

们佩戴的小玩意儿自有其传递信息的对象，只不过与你无关。也可能没有特定的对象，因为这些物件还能借助精神让人们与死者、不在身边的人，或是幻想出的生命沟通。于是，年轻女士颈间的小十字架可能表明了她的宗教信仰，也可能代表她对至亲至爱之人的思念。人类装饰的方式五花八门，各具魅力，但同时也很乏味，因为这已变成一种普遍现象。如今地球上没有人再赤身裸体，而且，到处都是为向他人展示自己而衍生出的规范。人类学家都应该从这种基本的社会行为入手研究人类种群，无论研究对象是生活在马尔康巴勒尔、符拉迪沃斯托克（海参崴），还是温得和克。

虽然那时的穿衣打扮在如今看来没什么特别，但它背后的故事还需要我们深入史前追根溯源。以欧洲为例，在旧石器时代晚期，坟墓中绝大多数的遗体都佩有装饰，饰品样式之丰富甚至令人眼花缭乱。在同一时期的人类居住地，也经常能看到用来装饰身体的物品（象牙珠或石珠、钻了孔的动物牙齿或贝壳），它们散落在地上，与坟墓里的种类相同。这足以说明彼时人类的服饰艺术丰富多彩。虽然我们还不能理解这些装饰的确切含义，但有些可能是用来区分不同群体的社会标记，正如用性别和年龄能区分同一社群中的不同个体。

埋葬在这些坟墓里的会不会是待遇特殊的死者，随葬品则彰显了他们的社会身份？我们难以确认这些群体的政治组织结构，但社会标记的存在显而易见。某些随葬品磨损严重，说明它们之前可能被不同的人长期使用，代代相传，变成区别于他人的身份载体。这也构成了不同种类饰物之间的一大差别，因为饰物分为两种：一类附着在身体上（如文身或割痕，遗憾的是，我们对那时的情况一无所知）；另一类以物品的形式存在，可以转移。也就是说，它们

“智人创立的是早期意义上的‘原始社会’，这些社会具备所有后继社会的行为特征，抛开差异，之后的社会都是这些社会的继承。”

被“外在化”为身体的一部分……比如会被当成纪念品的钻了孔的人类牙齿。

用各种方式装饰身体并将之作为社交语言，这类如今普遍存在的现象至少可以追溯到4万年前。我们从中可以确定，从行为角度看，智人创立的社会已经算得上“现代社会”了。换句话说，智人创立的是早期意义上的“原始社会”，这些社会具备所有后继社会的行为特征，抛开差异，之后的社会都是这些社会的继承。装饰身体的现象在后继的社会中不断延续……直到我们现在所处的社会。那么，它究竟起源于何时，又是在怎样的背景下诞生的呢?

认知革命……

在旧石器时代晚期之前的几千年里，情况要混乱得多。就在若干年前，对身体装饰是否早已存在的问题，我们还持否定态度，仿佛之前描述的旧石器时代晚期的社会是凭空冒出来的。最近20年来，层出不穷的新发现更新了我们的认识，身体装饰的出现或许可以追溯到距今10万年前，而且是一点儿一点儿传播开来。饰品基本上就是穿了孔的贝壳，主要分布在非洲，从南到北都有。我们知道，身体装饰的出现与生活在这块大陆上的智人密切相关，而同一时期以尼安德特人为代表的其他人种则没有类似行为。此后，所有对智人行为现代性的研究都逃不过对这些物品及其建立在符号基础上

“身体装饰的出现或许可以追溯到距今10万年前。”

的象征内涵的研究。

更让人满意的是，我们很难从其他表现中（狩猎的能力、打制石器的方法、设计住宅和埋葬死者的方式等）看出10万至4万年前智人社会与其他大陆上其同代人的社会之间的区别。尽管如此，即便“认知革命”的假说给人以启发，它也远没有解决所有的问题。首先，如果最古老的身体饰物是智人的专属，那么为什么在漫长的岁月中，它们如此罕见？在整个非洲大陆，跨越6万年，我们也只发现了12处遗址。我们只能乐观地认为它们之所以数量稀少，是因为还有相当一部分是留不下任何痕迹的身体绘饰或割痕，为数不多的贝壳项链不过是冰山一角。然而，异议者会说，尼安德特人的情况可能也是如此。不过，如果智人显示出发展象征思维的能力，而象征思维自远古时期就已经显现，我们就仍需要解释原因。“认知革命”假说的简单表述并没有提及这一点。

……还是全球化的开端？

让我们设想一个解释模型。佩戴饰品的原因和动机可能有很多，有些与群体内部组织有关（性别、代际认同），有些与群体间的交往有关（文化认同）。10万年前，智人开始分散到世界各地，到大约5万年前，这一趋势越发活跃，智人与其他人类种群的联系和互动必定更加频繁。有一个简单的观点认为，身体饰品作为身份的标记迅速发展起来是这种趋势的必然结果。此外，群体内部的组织结构肯定也与之有关。距今4.5万至3.5万年以前，饰品在欧洲随处可见，

“佩戴饰品的原因和动机可能有很多，有些与群体内部组织有关（性别、代际认同），有些与群体间的交往有关（文化认同）。”

这让我们还能观察到什么？它的迅速发展似乎与每个人类群体的领地规模不断扩张紧密相连。两种情况相互交织：一方面，智人的扩张让人口迁徙十分活跃；另一方面，游走的路线与特定群体的领地状态相互影响。在4.5万年以前，我们能在住所里找到的物品包括用于制造工具的石块，表明当时人类的活动范围非常有限，最多方圆100千米。而1万年后，一系列同样的物品表明他们的活动和联系范围扩大到方圆200至300千米，甚至更远。这种领地的变化与一种更深层次的变革有关，不只关于经济活动，还有社会结构的变化。简单来说，原先紧密围绕着自身，依附于狭小的土地，只与邻近群体保持有限联系的群体，变成了处于关系网络中的群体，这意味着群体成员有了更加广阔的活动空间。

让我们回到之前提到过的话题：其一，饰品和随之而来的社会身份标记的发展；其二，领地的扩张以及个人活动范围的扩大。我们已经能够猜到这两者之间存在互动关系，但还要再加上另外一个因素——婚姻结构，也就是结合、联盟、婚姻。古遗传学在这方面的研究尚在起步阶段，但初步的研究成果已经表明，距今4.5万年以前的欧洲人类（尼安德特人）社会实行内婚制，也就是子侄甚至兄弟姐妹之间通婚。之后几千年里，这一情况发生了翻天覆地的变化，异族通婚逐渐成为主流。新的社会运行方式意味着需要为联姻而来的群体成员构建身份认同，这在某种程度上促进了身体装饰的发展。而在其他方面，除了领地在不断扩张，通过亲缘关系结成的社会关系网络也在扩大。在此背景下，以身体为对象，用来构建身份认同的新型沟通工具日益普及。

“距今4.5万年以前的欧洲人类（尼安德特人）社会实行内婚制，也就是子侄甚至兄弟姐妹之间通婚。”

平面艺术的出现

这种解释能让我们重新思考饰品在非洲零星出现的意义吗？或许是的。我们不要把它当作智人对自己认知能力的初步探索，完全可以借此想象当时出现了新的社会规则，尽管刚开始不太明显，但还是为某些现象的出现提供了契机。

作为新的沟通手段的身体装饰并不是孤立存在的。其他与视觉语言表达有关的创作，诸如平面艺术也在同步发展。探索平面艺术能让我们更加接近书写诞生的本源。不过，还是得先注意一点：毫无疑问，那时还不存在文字，即使是最复杂的壁画、最繁复的图案也无法满足文字的定义。它们绝非表意文字，更不是字母文字，或许逐一理解其含义只是徒劳……但这些刻在岩石上的图案依旧是思维、神话甚至叙事的有力载体，能向后世传递某种信息。简而言之，它们创造了新的记忆形式。还要再过相当长的一段时间，严格意义上的文字才会出现，并承袭图画的部分功能——外置话语和思想。“洞穴中的思维”——借用考古学家大卫·刘易斯－威廉姆斯（David Lewis-Williams）一部著作的名称，就是思维跃出身体，依托另一种物质显形，以此亘古流传。

6

6 “嘿，给我画一只猛犸象。”

如今，我们处在一个充满图像的世界中，但那个图像稀少而珍贵，往往还很神秘的时代离我们并不遥远。无论如何，之前发生过几次“图像爆炸”现象，不仅为我们当下正在经历的这次图像爆炸铺平道路，还塑造了热衷于形式和感觉的智人。他们想方设法解决这些难题：如何呈现自己的感受和想法？如何将人类的思想及其对世界的认知具象化，好让它们能够独立存在？

美得令人难以置信

摇曳的火光照向墙壁，成群的野牛从阴影中浮现。它们色泽鲜亮，仿佛刚画好不久，着实令人惊叹。我们从未想过能在那里看到这样的作品，简直不可思议。自阿尔塔米拉岩洞于1879年被发现以来，又过了20多年，直到20世纪初，如此恢宏的史前艺术才为人所知。对洞窟的初步发掘让一批经过雕琢的骨头重见天日，精湛的雕刻技巧让人们在震惊之余疑窦丛生，更不用说这些壁画了……谁都不曾想到，史前艺术已经跨过早期探索阶段，变成一种完善的语言，仿佛毕加索的那句名言“我穷其一生都在学习如何画得像个孩子”，同样适用于那时的人类。

出人意料的地方不止于此。20世纪初发现的这项艺术颠覆了我们对史前人类的认知，让我们重新开始审视他们的精神世界。阿尔塔米拉、芬德歌姆或其他岩洞里那些精美绝伦的壁画肯定是真实存在的，但它们诞生的时间离我们并不遥远，可上溯至旧石器时代最后几千年，大约在1.5万年前，我们因而能向更久远的年代探寻这项艺术的诞生过程。彼时，人们绘制的图画稍显笨拙，坦率地说甚至非常原始。有着差不多2万年历史的拉斯科岩画更加古老，令人惊叹之余，它依然是这条图像演化脉络上的一环，特别是在对动作的还原以及透视的表现方面。如此一来，一切都有了自己的位置，先有草稿，再有杰作，这是一个线性发展的过程，人人都能理解。可就在20多年前，

“谁都不曾想到，史前艺术已经跨过早期探索阶段，变成一种完善的语言，仿佛毕加索的那句名言‘我穷其一生都在学习如何画得像个孩子’，同样适用于那时的人类。”

人们在肖维岩洞发现的壁画再次打破了这种线性发展的想象。那里最古老的壁画大约有3.5万年的历史，其创作技法精湛娴熟，让人不得不对这门已臻成熟的艺术的发展逻辑产生疑问。

让我们从远处观看世界版图

为这些史前艺术作品列一份精简的清单似乎不太可能，因为目前我们发现的作品有数十万件，其形式各异，在世界各个角落的岩石上都留下了痕迹。刚刚提到的那些是我们目前所知的最古老的史前艺术作品，它们都被发现于欧洲，以藏身洞穴为特色。在澳大利亚的岩石下方发现的壁画同样古老。这两个例子表明，此类艺术表达发端于距今4万至3万年前，并在之后的几千年里继续发展。也正是从那时开始，世界上的其他地方，比如非洲，也出现了艺术作品。而从更新世的最后几千年开始，即距今1.5万至1万年前，特别是到之后的全新世，艺术作品大量涌现，没有一个大洲例外：从北美辽阔的平原到里海沿岸，从澳大利亚中部的大沙漠到巴塔哥尼亚的潘帕斯草原，更不必说撒哈拉大沙漠、非洲南部的高原以及印度的某些地区。这些地方的岩石、洞穴和废弃居所中隐藏着一个千姿百态、包罗万象的图像世界。除了绘制或者雕刻在岩壁上的艺术作品，还有另一类具有“流动性”的作品，也就是可以随身携带的石制、骨制或者木制的雕塑和凿刻品。

“这些地方的岩石、洞穴和废弃居所中隐藏着一个千姿百态、包罗万象的图像世界。”

从抽象到具象

尽管这些作品数以百万计，但它们并非都属于“史前象征表达”的范畴。我们刚刚其实已经提到了一种以动物、植物、人类甚至虚构生物为对象的具象艺术，有的是繁复的壁画，有的是绘制或雕刻的独立图案。此外，由抽象的几何图形构成的作品也为数不少，这让情况更加复杂。近些年的发现让我们陷入困惑：我们知道大约10万年前，非洲的一些地方出现了最初的几何图形，可刚才提到的那些来自世界其他地方的最古老的具象图案大约出现在6万至5万年前。

我们在非洲南部发现的样本足以说明，最先发展起来的是由相当复杂的图案构成的“装饰艺术”，在鸵鸟蛋壳和彩色石核上都能找到它们的痕迹。这样，我们现在面对的问题与我们在上一章讨论身体饰品时遇到的问题就很相似了。大约10万年前，身体饰品开始陆陆续续在非洲出现，直到差不多4万年后，它们才大规模流行起来。而最早的几何图案和最早的具象图案的诞生也有着同样的时间差，这该如何解释呢？凭直觉我们会想到，人类在更早以前就尝试着表现真实世界，换句话说，是用抽象图案来代替描述世界的词语。虽然我无法相信那时的人类还不能用简单的词汇去描述动物和植物，更不用说描述人类自己了，可事实是完全不能，那为时尚早。彼时，如果说这些痕迹背后有什么象征意义的话，那么只能通过抽象图案表现。我们或许可以认为，非具象图案的出现促进了象征思维的发展，为日后形

“我们或许可以认为，非具象图案的出现促进了象征思维的发展，为日后形象的发明和真正的图像语言的诞生奠定了基础。”

象的发明和真正的图像语言的诞生奠定了基础，但这种现象的出现还需要从其他层面进行解释。

在此之前，让我们思考另一个同样重要的问题，也就是更新世人类艺术的保存问题。长期以来，它们都被视作一种“洞穴艺术”，因为一开始我们是在地下洞穴与它们相遇的。后来，我们才意识到，它们在这些洞穴中只是恰好被完整保存了下来，因为有的洞穴会“吞噬”这些图案装饰。尽管如此，露天的岩画同样存在，数量甚至可能更多。然而，经过漫长岁月的洗礼，大部分雕刻或绘制在露天岩石上的图案荡然无存。20多年前，在位于伊比利亚半岛的葡萄牙科阿峡谷中，人们在板岩上发现了数百个雕刻的图像，轰动一时。它们经受住了岁月的摧残，没有湮没在时间的尘埃里。不过，这类情况十分罕见，甚至可以说绝无仅有。更为常见的是，受保存条件限制，在昏暗的洞穴或掩体深处我们一无所获。仿佛我们只能从少数幸免于难的地下墓穴中才能窥见古代艺术的一鳞半爪，而存于其他墓穴中的都消失殆尽，只剩白骨。

具象图案告诉了我们什么？

第二个问题同样重要，我们却对此一头雾水。欧洲旧石器时代的壁画描绘的主要是动物，它们或成群结队，或形单影只，仿佛是被人直接从现实世界拖入梦幻般的空间中去的。这些动物形象有时与性别表达有关，体现了两性的特征，尤其是女性特征（阴部、身体曲线等）。当然，画面中还有许多抽象符号。这些在向我们传递怎样的信息？

解读史前艺术无疑让人激动不已，但所有解读讨论的更多是这些艺术表达

了什么，以及它们的时代背景，很少关注创作者的具体动机。举例来说，澳大利亚生活着一些当代艺术家，他们仍然保持着数千年前的古老传统，人们试图了解他们如今赋予了这些传统怎样的意义，但得到的大部分信息是他们对世界、对过去的独特理解。身为继承者的他们对先祖发明传统的动机一无所知，这就好像请一个在乡村教堂里工作的牧师来解释基督教的起源。

我们还是乐观一点，姑且认为一个多世纪以来的解读尝试和岩画艺术的发现，能够让我们从尽可能多的角度理解史前艺术，且不论最终谁占据了上风：从狩猎和生育的魔力到萨满教的巫术，乃至动物图腾和纹章的形象，中间夹杂着装饰布置的规则、雌雄二元性，甚至由此衍生的神话表达（以奠基神话为开端）……列举出的这些是最基本的成果，有来自不同领域的人物为此做出了贡献，我们要向他们致敬：萨洛蒙・雷纳克、亨利・步日耶、让・克洛特、安德烈・勒儒瓦－高汉、安内特・拉明－昂珀雷尔、马克斯・拉法埃尔、阿兰・泰斯塔特、埃玛纽埃尔・居伊，等等。

对审美的追求

让我们把目光转向其他方面。人们也对作品的创作方式和透视技法做了大量研究，因为大多数作品展露出的创作技巧令人叹为观止。试想一下，你眼前浮现出多尔多涅、比利牛斯或阿尔代什某个洞穴里的壁画，它们在1.5万年前、2.5万年前或3.5万年前被潜入洞穴的人创作出来。自小学画且投入大量时间的你，能够跟他们比试一下吗？毫无疑问，创作这些壁画的人可能从小就开始练习，他们全都经验老到、训练有素。不过，无论这些作品有着怎样的内涵，它们本身都还有另一项功能：彰显掌握和探索艺术语言的重要性，也就是色彩和视觉效果表达带来的感官愉悦。

从社会学角度来看，我们由此触及了一个非常重要的方面。我们注意到当此类艺术创作在旧石器时代风靡欧洲的时候，同时期其他重要的人类活动，比如工具和武器的制造，似乎并没有对从事者提出专业要求。肯定有些人比其他人更为灵巧，他们的劳动产物被看成“专业的”。其他形式的劳动分工可能正在形成，包括我们常常提到的劳动任务按性别分工，尽管尚无证据可以证明。但在分析了已知所有类型的遗址，复原了当时人类的活动之后，我们发现他们每一个人或多或少都掌握（除了可能存在的劳动任务按性别分工的情况）其所处文化要求他们掌握的本领和技术，但艺术领域是个例外。

正在形成的艺术家

的确难以想象随便什么人拿起画笔、燧石或者木炭条就能画出肖维岩洞、佩谢·梅尔岩洞、拉斯科洞窟或者尼奥岩洞里精妙的壁画，凿刻出泰雅的原牛，雕出朗格兰河畔昂格勒的檐壁，甚至塑出蒂多杜贝尔的野牛。毫无疑问，专业人员已经出现，他们声名卓著，并被指定来做这些事情，但这并不意味着他们有高人一等的特权，只能说明他们进行的艺术表达非常重要，值得享有特殊的社会身份。与之类似的是古代的誊写员。他们都为权力服务，尽管他们自身并不掌握权力，但权力离不开他们的表达和创作。

人们研究的另一个方面就是图像的安排和布置。我们刚才已经反复强调，不要忘记展现在我们眼前的史前艺术只是其中的一小部分，只是完好保存在洞穴深处的那些。洞穴艺术本身无法包括的是刻在野外的岩石上或者藏身于大面积曝露在外的掩体里的作品。它们表现的是另一种现实，属于能被所有人看见的露天艺术。但这并不是说此类艺术没有隐藏在地下的形式。埋藏在地下的那一类不仅让它们携带的信息躲过了风雨的摧残，更让它们不用被不需要看见它们的人看见。

“埋藏在地下的那一类不仅让它们携带的信息躲过了风雨的摧残，更让它们不用被不需要看见它们的人看见。”

如今，很多人通过仿制品认识了岩画艺术，其中包括至少在法国人尽皆知的肖维岩洞和拉斯科洞窟壁画。当然，这种方式在给人们带来良好体验的同时，还保护了脆弱的原壁画，因为参观游客过多最终会伤害甚至损毁它们。其实岩画的机巧正在于此，虽然有些绘画或凿刻作品轻易就能看见，但仍有很多都隐藏在幽深的角落里，需要费力挤过狭窄的通道才能看见。我们并不知道那个时候的艺术家是如何深入洞窟并在那里活动的，但有一件事可以肯定：以这种方式呈现的作品包含多种层次的表达，必须花费一番工夫才能领略。

启蒙的艺术?

让我们以位于多尔多涅那最负盛名的拉斯科洞窟壁画为例。只要洞窟允许进入，你又知道入口在哪儿，你很容易就能进入第一个大厅。在著名的公牛大厅里，野兽欢蹦乱跳，墙壁上画有野马、野鹿和巨大的原牛。再往里去就是那条精彩纷呈的画廊，画廊空间更为狭小，隐蔽在右侧。画廊与洞窟的其他区域相连，比如装饰丰富的“半圆形后殿”或者“中殿”。不过，若想看到“猫画廊”和“井状坑”，我们就得费些力气，甚至得会点儿柔术。“井状坑”中的图画并不多，有一块壁画与别处的都不一样。公牛大厅与画廊气氛和谐，成群的动物栩栩如生，展现出一个秩序井然、安宁平和的世界。而“井状坑”中的那幅壁画却呈现出一个充满暴力和混乱的场景：一头腹部被刺穿的野牛撞翻了一个半人半鸟的生物，旁边是一头已死的犀牛。这幅画中蕴藏着怎样的奥秘，又是画给谁看的呢?

“它充当了启蒙知识的载体，向看到它的人一点儿一点儿展示世界的真相。”

尽管我们无从知晓它的确切含义，但我们还是能猜测它的作用：它充当了启蒙知识的载体，向看到它的人一点儿一点儿展示世界的真相。过去，我们经常说旧石器时代的艺术缺乏叙事性。此外，成群的动物和有时环绕其周身的不同符号似乎都没有在讲述一个严格意义上的故事，代表雌性的符号也不例外。这种艺术可能需要配上一段说明，可惜今天我们无法找到。但不管怎么说，可贵的是，它以具体化的方式阐释了人类对世界的看法。

从其他角度来说，这种艺术也是意识形态真真切切的载体。尽管我们无法理解其含义，而且他们描绘的世界对我们而言也很陌生，但我们还是能大致理解它的作用。首先，它能将思想外置，这我们在上一章已经讨论过。思想借助这些图案逐渐具备形态。为此，思想使用了一套独立的语言，让我们与并不虚幻（否则我们什么都看不见！）且有了独立存在形式的精神相遇。

集体记忆的表达

这项艺术并不是特定个体的自我表达，而是潜在的集体表达。一种记忆围

绕着仪式和启蒙形成了，而这些仪式和启蒙首先教授了人们规则：关于世界的规则、关于人类在宇宙中所处位置的规则、关于社会的规则。借着摇曳的火光，我们也能从中知晓艺术的另一项重要使命——支撑社会的信仰体系。毫无疑问，这种艺术是社会文化的基础。简而言之，这就是我们所说的政治-宗教秩序。

这可能也解释了为什么需要发明一种新的语言。因为我们需要为刚刚出现的秩序赋予可感知的精神力量，以帮助我们对抗其他力量（比如死亡的力量），告诉我们为什么要以这种方式结婚，而不是那种方式；为什么要吃这种食物，而不是那种食物；为什么这种行为是合法的，而另一种行为则被禁止；为什么我们需要遵守这样或那样的社会秩序。这些都在地下深处被传授，代代相传，仿佛是想告诉我们这些力量在人类出现之前就已经存在。这就是为什么具象艺术是现代性重大转折的典型征兆，距今4万至3万年前，具象艺术就在世界多个地区出现，逐渐扩散到全世界，遍及全人类。当时的社会远不是一个人们无忧无虑，只用为生存发愁的社会，也不像我们想象的那样平等，不用为权力问题烦恼。旧石器时代末期由斑斓的色彩和迥异的形式组成。层层面具之下，我们最终认清了自己，这可比智人一直赤身裸体好得多。

“距今4万至3万年前，具象艺术就在世界多个地区出现，逐渐扩散到全世界，遍及全人类。”

群体的政治组织

对话　弗朗索瓦·邦

主持　安娜·罗斯·德丰丹尼厄

人类是从何时开始与现代社会打交道的？

首先我们要理解什么是所谓的现代社会。长期以来，史前史学家认为人类在旧石器时代晚期就已经进入了“现代社会”，这些社会与我们迄今所知的社会一脉相承，尽管表现方式有所不同。这些社会奠定了现代行为的基础，特别是在精神领域。从这个角度看，艺术的飞速发展对此助力颇多。在某个时候，我们从由早已消失的人类组成的原始社会过渡到由在生理和行为上都具有现代性特征的人类组成的社会。与此同时，过去我们认为，现存的狩猎－采集者社会非常原始，暗含贬义，比如南非的布希曼人和大洋洲原住民所处的社会，如今就被重新定义为“原始社会”。19世纪，人们试图将人类社会按照从最简单到最复杂的层次进行分类。现在，我们试图揭示是什么把我们凝聚在一起，正如巴黎凯布朗利博物馆展示的那样。20世纪下半叶的人文与哲学研究试图弄清是什么让人类团结在一起，又始于何时。

我们基于怎样的标准讨论现代社会？

肯定不是基于延续了很长时间的狩猎

活动，也不是基于某种武器和工具……统统不是！我们主要看身体饰物、艺术，特别是具象艺术的发展，还有丧葬形式。我们当代关于该主题进行的研究主要是去非洲寻找它们的源头，以弄清非洲智人究竟在何种程度上算是这些典型行为的先驱。

是什么机制引发了这种象征表达的需要?

我们之前试图去弄明白的那些，特别是看起来似乎不如洞穴壁画那么重要的身体饰物，加上墓葬行为以及佩有身体装饰的死者，构成了我们在特定时期传播规范的原因。无论在群体内部还是群体之间，都强调社会规范的发展。尽管我们不知其详，但这一现象促使旧石器时代晚期的墓葬装饰形式异常丰富，似乎可以证明此时出现了真正的社会区分：男人和女人、儿童和成人，等等。当这些社会组织发展到一定阶段，并开始需要一些诸如身体饰物之类的标记时，这便构成了我们史前史研究的对象。

人类从何时开始拥有饰品？制作饰品需要从生存活动中特意抽出时间吗?

我们将这种现象分成两个阶段来分析，正如我们在第5章的讨论。第一个阶段出现在非洲和黎凡特的某些地区，此时制作饰品不需要花费太大的工夫。而到大约4万年前，临近旧石器时代晚期，种类繁多的饰品大量涌现，有的甚至极为精巧。到旧石器时代晚期，有些饰品用料特别考究，比如象牙。人们充分利用这种原料，在欧洲东部比欧洲西部更为常见，同时发展出众多复杂的工艺，这在旧石器时代晚期第一个伟大的文化——奥瑞纳文化中，已经有所体现，甚至还出现了用象牙雕刻的笛子。至于象牙珠，它们的形态符合高度标准化的工艺，显然具有非常高的社会价值。例如，根据地域的差异，不同地方的人们会偏好不同的样式。但象牙并不是随便就能得到的，在地中海地区，人们用贝壳或者狐狸牙之类的动物牙齿制作饰品。在非洲，用鸵鸟蛋壳制成的珠子十分受欢迎，之后也流行了很久，直到近代才消失。

饰品传递了有关这些群体的什么信息?

对已经建立起社会生活规则的群体来说，符号是必需的，需要被所有成员了解。正如那些具象化的艺术，这些符号承载了人类对自身在宇宙中所处位置的想象，以及有关世界的构成和动物扮演的角色等信息。这些符号同时还在传播社会规则，比如对男性和女性进行定义和规范，并按照每个人在社会中所处的位置教导他们关于世界的真理。当一个人通过这套明确的符号体系掌握了社会的规则和运转方式，他也就找到了自己的位置。

群体又是指什么？

让我们以3万年前法国南部的燧石使用情况为例，借此我们清楚地看到，人类组成了关系网络，固定区域里的人类个体相互熟识，甚至远至西班牙北部以及巴黎盆地南部等地区。他们并没有在领地里一直奔走，但彼此之间保持着联系，这就是我们所说的领地规模扩大，这是旧石器时代晚期的特征。与此同时，由人类个体组成的社会群体更加注重身份的塑造。我们注意到这两个要素紧密相连。在旧石器时代中期，人们活动的范围相对有限，而且只会去往邻近的地区，当时群体身份问题还不算突出。但当他们与更大范围的关系网络中的其他人类群体打交道时，群体对身份的诉求就日益强烈了。这是一个非常经典的人类学模型，我们可以用它来解释在史前史这个时期出现的一些现象。群体之间的交往越密切，每个群体对差异的需求也就越迫切，他们会试图确立种族身份。构建身份的方式之一就是在身体上添加能彰显差异的饰品，这样人们在他人面前就不再赤身裸体。这些饰品不仅能在个体间流通，还能在代际间传递。于是，饰品就像洞穴里的壁画一样具有表达观点、宣扬规则、传递信息的功能，在时间上的延续远远超越了人类的寿命，个体也得以在一个按照超越性的规则和符号运转的社会中立足。

您能再详细说说史前艺术与宗教的诞生有何联系吗？这里指的是广义上的宗教。

19世纪末，有个相当功能主义的理论盛行一时：宗教诞生于新石器时代，因为那时土地乃至财富被个体占有，这就导致了权力的出现。所有这一切都推动了宗教的出现，以赋予权力一种象征意义上的合法性。坚持这套理论模型的人认为人类已经创造出了上帝，我们能从新石器时代找到一些根据，这也是政治－宗教体系的根源。然而，我们很快就意识到新石器时代的艺术比我们以往认为的重要得多，可能还推动了信仰的表达（如果那种信仰还算不上真正的宗教的话）。其实，这也正是步日耶神父力图让岩画艺术获得认可而面临的争议所在，他日后成了世界范围内研究岩画艺术的权威。然而，我认为我们并没有认识到这一发现造成的全部影响。我们只专注于理解岩画的含义，尝试破解它们的密码，却没有在政治-宗教层面形成完整的认识，尽管它们确实是信仰的载体，是对反映这个世界的意识形态的呈现。

您能详细解释一下您在此处发现的宗教和政治的关系吗?

提到政治，我们立刻就会想到一个存在等级区分的社会：首领、由主持祭祀的人们组成的贵族阶级，还有一些受奴役的人民。然而，政治的概念比这个宽泛得多，它是指社会成员一致认可的社会组织规则，人人都需要遵守这些规则，否则社会就会崩溃。权力的获取不一定要损害他人的利益，现存的某些狩猎-采集者社会就是其中的代表：政治结构完全避免了某些人攫取凌驾于他人之上的权力，社会结构遵循非常明确的规则和规范。一个现代化的社

新石器时代

继旧石器时代和中石器时代而来的新石器时代是史前史的一个阶段，发生了众多深刻的社会和技术变革，这与人类开始施行以农牧业为基础的新的生活方式有关，通常意味着定居生活的形成。技术创新主要包括磨制石器工具的普及、陶器烧制以及建筑的发展。新石器时代开始于中东，以西欧进入青铜时代为结束，横跨公元前9 000至公元前3 000年这段时期。

会需要具备构建组织的能力以及通过意识形态和信仰赋予自身合法性的能力。具象艺术和身体饰品大量涌现的背景是一个被政治－宗教体系管理的社会。

这些社会规模如何？只谈谈其中的一部分也行。

这个问题解释起来有些复杂。首先，我们可能会联想到一个群体，这个群体由二十几个一直共同行动的个体组成，但这种想象是完全错误的。出于经济、宗教等不同原因，人们每年都会在特定时刻相聚在一起，社会单元的流动性无疑更强。我们能在现存的狩猎－采集者社会中观察到这一点，同时在旧石器时代晚期也能很容易辨认出这一特点。总之，这些群体在不断地组合、解体、重组、解体……他们彼此熟悉，但并没有一直稳定地生活在一起，也没有永远分离。由此，我们必须区分群体和社会。在社会观念、婚姻结构、财产分配等方面遵循共同规则的个体组成的群体形成了人类社会。社会由社会单元组成，而社会单元可能是核心家庭、大家庭或者广义上的群体。

我希望您能用一个具体的案例向我们解释他们的相遇、分离和流动……就以您目前和罗曼·芒桑（Romain Mensan）共同主导研究的雷吉斯蒙遗址为例吧。差不多有15个人在此聚居，共同度过了几周的时光，之后他们分道扬镳，再也没有回来过。

我有点儿担心很多人会把它当成“史前浪漫故事”，但我还是下定决心讲讲，这个故事基于我们针对这个神奇遗址展开的研究工作。该遗址完全露天，属于奥瑞纳文化，位于安塞吕城堡和米迪运河之间。就我们目前对遗址的了解，大约在3万年前，这个群体来到这里，进行了许多活动，有些活动留下了痕迹，有些没有。遗址中有很多住所，可以被分成好几类。根据留下的资源痕迹和残留物的分布，有三处属于家庭。我们很想在这里找到家庭的痕迹。这些家庭住所都属于同一时期，因为拉尔斯·安德森（Lars Anderson）就这一主题写了论文，通过复原燧石，他发现这件物品被打制于一户家庭的住所附近，接着又被拿到别的家庭使用，每次使用都会留下碎屑和残片……这说明它是公用的。而物品在遗址里的流动也反映出这些人之间可能存在的关系。我们难以想象他们一直集体行动，因为他们使用的燧石来自不同的地方，有100多千米以东的罗讷河谷，也有两三百千米以外的多尔多涅……总之，我们看到了来自法国南部不同地区的物品，而雷吉斯蒙差不多位于这些地区正中央。这也说明在此聚居的人们来自不同地区。一共有多少人呢？可以想象一下大约是3个家庭，由男人、女人和儿童共15人组成。

他们来这里做什么？为什么聚居在这里，又是如何聚居的？

他们是来这里狩猎的，因为我们发现了野牛的颅骨。我们不妨把自己想象成这群生活在3万年前的狩猎－采集者中的成员。如果我们杀死了一头野牛（此处是公牛），可以获得大约4平方米的兽皮、400千克的肉还有很多非常有用的东西，比如肌腱、骨髓和骨头，我们一定会忍不住想要把这个消息告诉另外两个有联系的家庭。所有的家庭都属于同一个社会，现今的狩猎－采集者群体往往也是如此。一切都顺理成章了：由于无法将一头重达800千克的公牛运回去，人们便来到公牛尸骸附近生活，以最大化享用猎物。比方说，当草原上响起"鼓声"时，人们便闻声从四面八方赶来，在此生活几个星期，享受自然馈赠的食物。之后某个时候，这些家庭可能就会彼此分离，四散而去。

那时已经有茅屋了吗，还是说人们一起睡在聚居地？我们能找到原始的住宅结构雏形吗？

我们在一些遗址发现了空间结构的证据。我们对旧石器时代晚期茅屋结构的了解比过去任何时候都要清楚。临时建筑在这一时期获得发展。人们在不同地点之间流动，建造棚屋，或是利用天然掩体，比如洞穴入口，用兽皮来遮挡和布置。雷吉斯蒙的情况同样如此。但这说明了什么？说明除了兽皮需要运输，还产生了新的区分内部和外部的需要。临时建筑除了能挡风遮雨避寒，还具有非常重要的社会功能，虽然增加了运输成本。

这一时期的运输方式又是怎样的呢？

生产和加工兽皮需要投入大量时间成本，可能要花上几个星期，因此很难想象他们离开一个地方的时候会抛下兽皮。那么，他们抵达一个新的地点后会怎么做呢？他们又会如何运输这些物品？生活在北极地区的人类种群给了我启发。

显然，有些季节非常适合迁徙，特别是河流都结冰或者大雪漫天的时候，重物可以拖在地面上滑行。到了夏天，情况就完全不一样了，穿越加龙河或者罗讷河会变得异常艰难。他们需要简单的拖曳工具，比如小拖车，但我们尚未找到任何证据。在旧石器时代晚期，我们注意到狼被驯化了，出现了狗。它们肯定在住地撒欢乱叫。有人认为早在旧石器时代晚期，驯化就已经开始；而根据犬科动物颅骨的研究成果，有些人并不认同这一观点。确认这种变化具体出现在何时的确非常困难。

也就是说人类为了拉货才去驯化狗？

没错，我是这么想的。如果驯化狗是为了狩猎，那肯定不是像这样。对大部分狩猎－采集者，特别是生活在北极的人类种群而言，狗的首要任务就是拉货。它们拉的都是重物，特别是那些临时建筑和用作遮挡的兽皮。

您能具体说说定义一个现代社会最典型的标准是什么吗？

我试着总结一下：领地规模的扩大，群体流动性增强，装饰品的发展，基本社会单元团结在一起去围猎野牛、创作壁画，这些都是现代社会的特征。

我们能从这场发生在旧石器晚期的革命中总结出什么？

有一点我还想再次强调：这些事物的兴起可能都与死亡密切相关，因而远早于旧石器时代晚期。我们对死亡的意识带来了许多问题，其中最重要的是对肉体消失的意识引发了我们对精神消失的追问。于是，对个体物质性和精神性的认知发生分离。与数千年后身体装饰以及具象艺术的繁荣发展相伴而生的，是精神通过话语、图像和物体被表达出来，获得了独立的存在，独立于创作者的意图。就算肉身终将消亡，我们还是找到了让精神能够独立存在的方法。自此之后，人类社会都会面临这种存在性的问题，为此，信仰体系被创造出来。史前社会让精神能够独立存在，这就是社会需要具象艺术的原因：相比几何形状，具象艺术是更好的精神载体。在创造一种独立于物质存在的精神理念的同时，我们不仅解决了存在性的问题，还解决了政治方面的问题，因为我们通过信仰建立起了一套事物的秩序，这是社会运行的根基。原始的神话规定了话语的不同层级，展现了一种能体现男人、女人和儿童所处社会位置的信仰。本书的三个章节围绕不同的象征表现形式进行论述，是想解释为了进入现代社会，社会问题、象征问题和政治问题是如何一步步交织在一起，与我们所说的宗教问题相结合的。现代社会，也就是以政治－宗教体系为根基、以信仰体系为规则的社会，本身就肩负着两种使命：有序运转的使命，以及解释人类与死亡的关系这一关键问题的使命。

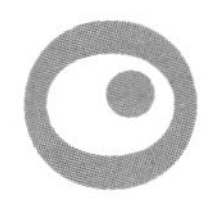

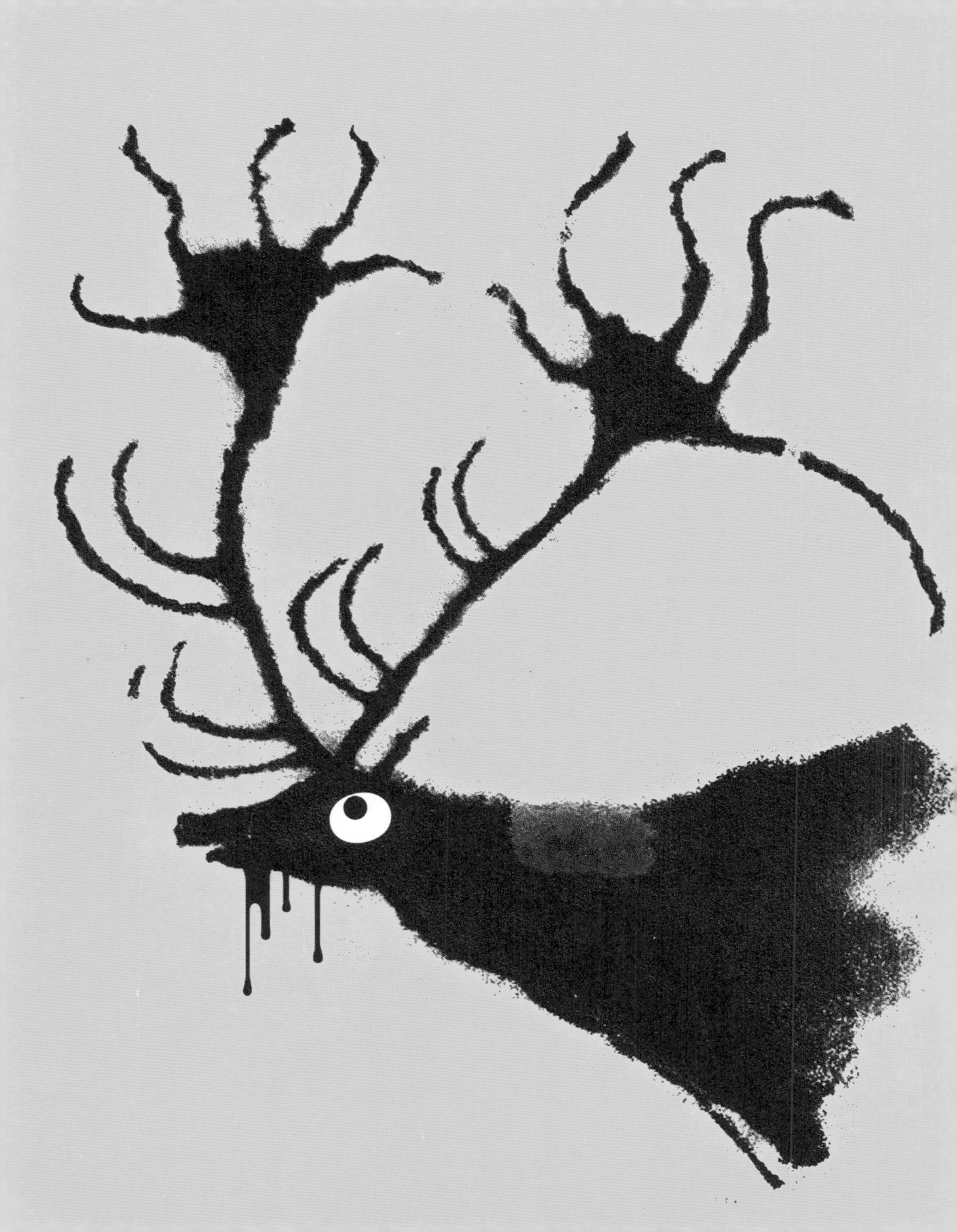

N

7

7 草原智人和田野智人

史前史带给你的震撼尚未结束。你刚才已经看到智人是如何诞生的，然而，世界不也正是诞生自史前吗？现在，另一场变革正在发生，我们通常将之视作第一次大“革命”，关于农业和畜牧业的革命。在这场革命中，耕地和道路被发明，其痕迹至今依然清晰可辨。新的种族和语言也会诞生，有些语言甚至流传至今。这就是新石器时代，它不仅是人类历史的序曲，如果说旧石器时代向我们展示了塑造现代人类的普遍原理，新石器时代则将见证人类最终获得的绝对优势，同时它也是形成了人类种族众多留存至今的差异的熔炉。

我们回到1万年前，那时世界发生了巨变

古老的史前人类消失已久，欧洲的尼安德特人和亚洲的直立人早在好几万年前就不见了踪影。世界上只剩下了智人，而且到处都是。即便智人仍携带一点儿古人类的基因，仿佛隐秘的纪念，人类的生物多样性仍大大减少，彼此之间只存在细微的差异。世界发生了巨变，大部分土地上都有人类居住。除了一些极端炎热或寒冷的无人地带，地球上到处都有人类的身影。俯瞰夜色下的地球，从北美平原到澳大利亚海滨，包括欧洲破碎分散的土地上都亮着点点火光。杳无人烟的地方只剩下远离海岸的孤岛以及高耸入云的山脉，在很长一段时间里都将如此。旧石器时代的狩猎－采集者就这样占领了地球，而人类历史上新的一页也正在被书写。

“气候转暖，为最早的永久或半永久村落的形成创造了得天独厚的条件，也带来了多种多样的资源。”

部分狩猎－采集者不再过非定居生活。在地中海周边以及中东和东非的河流和湖泊沿岸，比如尼罗河，充沛的水资源让食物常年充足，得益于此，一些人类群体开始在此定居，不再四处迁徙。更新世最后几千年里气候转暖，为最早的永久或半永久村落的形成创造了得天独厚的条件，也带来了多种多样的资源。生者世界的变化同样反映在逝者的世界里：在马格里布地区沿海一带，尼罗河沿岸以及黎凡特地区出现了早期的大墓地。生者住所的固定让逝者遗体被集中埋葬成为可能（埋葬的地点与他们的日常生活空间相邻）。因此，这一时期人口出现了大规模增长，对相关遗址数量骤增和完整种群的发现都可以作为佐证。

定居，旧石器时代之子

一直以来，人们认为定居的起源与农业有关。用驯化了的植物进行食物生产让人类开始定居，村落欣欣向荣。后来，人们意识到两者的因果关系正好相反。约旦河谷，也就是“新月沃地”的一部分，出现了人类最早的农业和畜牧业形态。简而言之，那里最先进入新石器时代。在末次冰消期，差不多距今1.4万到1.2万年前，狩猎－采集者开始在此地定居，建立了真正的村落，至少是半永久的。这些村落由一系列半地穴式的半圆形住宅组成，以干垒石墙为地基，坐落在加利利山丘上或者约旦河谷上游河畔。居民们充分开垦这片土地，扩充食物来源，如此一来，不用频繁离开自己的住地也能自给自足。他们形成的文化被称为“纳图夫文化”，在这种文化中，捕猎野生动物仍是主流，包括捕鱼。然而我们会发现，植物，特别是谷类所占比重正不断增长，尽管采来的都是野生种类，但也逐渐被他们驯化。为了来年能收集到更多的粮食（有个好收成），第一颗种子被播种在经精心打理，日后将成为农田的土地上，农业由此诞生。至此，在距今1.2万至1万年前，不光是约旦河谷地区，整个中东地区都跃入新的时代。

与此同时，这一地区也出现了最早的家畜。可能也不完全是这样：很久以前，不只是在这里，随着人类的驯化，狗已经出现在人类的生活中了。但现在我们说的是另一回事：先是绵羊，再是山羊，很快一整个“诺亚方舟”的家畜（母牛、猪等）将与它们相见。随着世界各地接连步入新石器时代，驯化动物的规模也在不断扩大。为了驯化新的动物，人们需要判断它们是否对人类有用、测试驯化的难易程度，还要控制它们的繁殖。事实证明，有些物种更容易被驯化，驯化山羊就比驯化原牛容易得多。此外，还有一件事情也很有意思：所有的灵长目动物都永远不可能被真正驯化。但这并不重要，因为彼时的中东还没有它们的踪影。

遍地开花

作为新石器时代的起源中心，中东地区在后续几千年里对世界上的其他地方产生了深远影响。“我将种子散播四方”—— 中东“大熔炉”里诞生的各种发明创造将从这里扩散到四面八方。很快，这里的人类就决定去别处开疆辟土，他们赶着牲畜、带着种子，占领新的土地和岛屿。这时候，附近的狩猎－采集者也难以抵挡这种新生活的诱惑，纷纷效仿。不管当时的情形多么复杂，也不必深究是已经成为农民的人们在进行扩张，还是仍在狩猎、采集的当地人加入了这新石器时代的革命，这种现象已经扩展到欧洲和非洲的大部分地区，甚至远至中亚。从扎格罗斯山脉到撒哈拉大沙漠，从尼罗河流域到泰晤士河沿岸，我们享用的羊腿和谷物粥有着完全相同的起源（即便从那时起，可能出现了无数种烹调的方法）。新石器时代的人类生活方式远非一成不变。他们不断对其进行调整，以适应多种多样的社会经济和生态环境状况。最终，一些人选择了植物（小麦、稻子、小米等）作为主要的食物来源，而另一些人则放弃了农业，专注于畜牧业。

我们划分新石器时代和旧石器时代的标准，很大程度上依赖于传统上对过非定居生活的狩猎－采集者和过定居生活的农牧业者的区分。然而，这种生硬的划分难以解释复杂的现实情况：肯定存在过定居的狩猎－采集者，也正是他

“肯定存在过定居的狩猎－采集者，也正是他们最早开始驯化植物的实践。与此同时，新石器时代的游牧者也诞生了，他们就是后来众多牧民的先祖。”

们最早开始驯化植物的实践。与此同时，新石器时代的游牧者也诞生了，他们就是后来众多牧民的先祖。事实上，在几个大陆的某些特定地区，人们确实已经开始驯化动物，但依然过着非定居生活，比如非洲大陆上饲养母牛的人（马萨伊人和科伊桑人是他们的后代）或者在西伯利亚饲养驯鹿的人。我们还能举出很多其他例子，比如很久以后才会出现的以饲养骆驼为主要生存手段的社会。

新石器时代是人类世的源头吗？

不管怎么说，新石器时代的革命以不同的形式在各地出现，是人类历史上的重大转折。有些人甚至把新石器时代当作“人类世”的起始点，也就是说，从那时开始，人类活动给地球打上了深刻的烙印，并且产生了不可逆转的影响，无论好坏。如今，与讨论人类对气候造成的影响一样，“人类世”这个主题在当代社会引发了热烈讨论。科学家试图弄清“人类世”这个说法是否合理（把人类当作地质时期的关键词是不是过于以人类为中心了？），如果合理，其开端又能追溯到何时？毫无疑问，新石器时代是一个恰当的备选答案。当然不是因为旧石器时代的人类从未对这个星球的生态平衡产生重大影响（我们知道，许多生活在美洲、澳大利亚或是其他地方的巨型动物都在更新世默默消失了，那些很像大袋鼠的笨拙迟缓的巨兽有可能正是因为人类的活动而灭绝），也不是因为过去几个世纪里，特别是工业革命以来，问题更加突出，人类陷入“垃圾时代”

的泥沼。如果我们试图指出，由于森林大量消失以及家畜的大批迁徙，动物面对的不再是自然选择，而是人类驯化的人为选择（目前还存在完全野生的原牛吗？），这一时期确实成了重要的转折点。而当我们只需要评判人类物种在数量上取得的非凡成就时，新石器时代人类数量的爆发式增长也对此做出了关键贡献。因为从那时开始，人类对食物来源的掌控（如动物乳品）以及新生活方式的出现（定居的发展），极大提高了人类的出生率。

“因为从那时开始，人类对食物来源的掌控（如动物乳品）以及新生活方式的出现（定居的发展），极大提高了人类的出生率。”

或许是人类世，但一定有协同进化

人类成为动物、植物乃至整个地球的主宰，这一过程对人类自身也产生了不可估量的影响。以食物为例，拿我们刚才提到的乳品来说，几千年以前人类才开始食用动物乳品。有了动物乳品，人类对乳制品的摄入不再止于断奶期，成年人也能食用了，这反过来影响了人类的新陈代谢系统——一个诠释行为与生理共同进化的绝佳案例。此外，如今仍有很多人对乳制品不耐受，特别是北美印第安人，因为他们很晚才接触到乳制品。很多源自植物的食物也是如此，比如花生，都是很晚才进入人类种群食谱中的。简而言之，千百年来，我们都在经受一种“食物选择”。唯一不会引起任何不耐受症状的食物就是红肉，我们人类在更新世的摇篮里就已经具备消化这种食物的能力。

还有一个能让我们想到协同进化的例子：以我们为宿主或潜在宿主的细菌、病毒和其他微生物，这里指的是真正意义上多个物种或多种生命形式——

人类与微生物之间的协同进化。我们与许多诸如家禽或牲畜之类的家养动物生活在一起，经常会与它们接触，生活环境脏乱不堪，这是微生物繁殖和蔓延的主要因素。当一些微生物引发大流行病，并造成大量伤亡时，人类就会经受大自然的筛选机制，为自己的行为付出代价。

一个悬而未决的问题：为什么是新石器时代？

首先，我们要记住，很多人一直以来都在抗拒这一进程。就在几个世纪前，在北美和非洲某些地区，当然还有大洋洲，这里只列举有代表性的案例，相当一部分人类种群依然选择维持狩猎－采集者的生活方式，虽然他们有时定居，但更多的时候还是过着非定居生活。我们确实可以称之为一种选择，因为其中大部分流动者已经与农牧业者有了接触。即便是大洋洲的原住民，他们也与疣猪、园艺的爱好者——新几内亚的巴布亚人保持着联系。这些人坚持遗世独立的原因很有意思，但先让我们弄清楚为什么其他人跨过了这一步。

我们先来讨论一下纯粹的经济因素。农牧业的成功取决于这种生产方式保障了食物的稳定，从而推动了人口增长，提高生产也就成了一种必要。但这种理想化的论述过于机械，有很多可以反驳的地方。首先，农业产量在相当长一段时间里微不足道，因此，狩猎－采集者只是为了生存才发展农业经济的观点不攻自破。马歇尔·萨林斯（Marshall Sahlins）在其作品《石器时代经济学》中做了精彩论述：我们在比较狩猎者和农业者为满足食物需要而投入的劳动时间时，会发现人们更愿意手持弓箭而不是肩挂镰刀……而且通常来说，如果狩猎－采集者会遇到荒年甚至更糟糕的情况，那么我们同样可以猜想农牧业者也不会年年丰收。新石器时代一定经历过严重的危机。

既然如此，农业的成功就需要用其他原因来解释。有些是意识形态方面的，诚然，与这种对自然的驯化相伴而生的是人类对自己在宇宙中所处位置的看法发生了巨变。自雅克·考文（Jacques Cauvin）以降的众多学者都强调了新石器时代艺术的显著发展：人类形象似乎来到了画面中央。其他学者提出了一些社会政治因素：新石器时代或多或少伴随着财富的增长。这并不是说在狩猎－采集者中就不会存在此类现象。阿兰·泰斯塔特（Alain Testart）强调财富的增长在某些狩猎－采集者的种群中就已经存在，特别是被他划入活跃在中石器时代的那一批。但直到农牧业者出现之后，财富积累才有了更大的规模。通常，牲畜并非严格意义上的食物或乳品来源，却是能用来完成社会任务的宝贵工具，因此拥有它们就很重要，比如一些仪式（特别是婚礼）需要奉上充当祭品的牲畜。在很多学者眼中，经济利益（如果我们只看需要养活多少人）并不能解释新石器时代的成就，意识形态的深刻变化和社会财富的飞速发展才是其根源所在，两者相辅相成。可能这也能更好地解释为什么有些狩猎－采集者社会与之对抗，拒绝进入新石器时代，因为新石器时代极大地动摇了他们固有的价值观。不管怎么说，在讨论大洋洲原住民时，我们经常会提到这项假说。

中石器时代

中石器时代是指距今1.2万至8 000年前之间的时期，在时间和文化上介于旧石器时代和新石器时代之间。这一时期的人类以狩猎、捕鱼和采摘为生，气候温暖湿润，接近我们目前的气候状况。

新石器时代，人类驯化人类

需要付出的代价确实相当沉重。说到底，伴随新石器时代一起出现的首先是人类对人类自己的驯化。一部分人需要按一定的节奏工作并受到约束，很多狩猎－采集者或许会将这种现象看作一种完全违背人类天性的奴化。总而言之，财富问题与不断扩大的社会区分和等级制度相辅相成，这显而易见，当然其中会有许多细节上的差异以及反例。不过，让我们回到七八千年前，彼时，新石器时代的人类特征正在中东地区迅速发展，为日后扩张到相邻的欧洲和非洲大陆铺平道路。那时的人类社会已经出现了不平等的现象和等级制度，并日趋严峻，处理死者的方式和陵墓建筑变得异常重要。在技术生产方面，不同领域众多专业人员的崛起也能体现这一点，例如打制石器。所有这些都在为全新社会形态的诞生做准备，即距今6 000至4 000年前，伴随着青铜时代孕育而生的社会。我们能够目睹国家的迅速发展，某些社会阶级（贵族阶级，不管是军事贵族还是宗教贵族，有的兼而有之）控制着其他社会阶级（手工业者或者农民阶级）。人们在一个以依附关系为基础的社会中各居其位。历史由胜利者书写，他们掌握着这种权力。

“伴随新石器时代一起出现的首先是人类对人类自己的驯化。一部分人需要按一定的节奏工作并受到约束，很多狩猎－采集者或许会将这种现象看作一种完全违背人类天性的奴化。”

当然，我们也可以说这段历史的发展从某些方面来看是出于偶然，它完全可能发展成另外一个样子。但是，历史的这一次发展是有规律可循的。首先，狩猎－采集者没有发明出严格意义上的国家，哪怕是那些在建立不平等的社会方面走得最远的狩猎－采集者。不管在哪儿，进入新石器时代都是关键性的转折，但这并不意味着生活在新石器时代的人类都迎来了国家的诞生，比如之前提到的热爱疣猪和园艺的巴布亚人就没有。其次，我们刚才主要在用中东的情况来描述新石器时代的发展，世界上至少还有两处时间相对近一些的新石器时代的发源地：中国南部和中美洲，这些地域的发展似乎完全独立于中东地区。不过，这三个发源地的演化发展动力表现出了诸多相似之处。从农业实践的发端到国家社会的出现各有特点，无不推动着他们进入我们所说的“现代”世界。他们的后裔将征服并主宰这个世界，然而，正如人们所说，这又是另一个故事了……

8°

8 为未来所用的史前史

把握事物的尺度并不容易，比如衡量时间的长短。就在250年前，人们还难以想象人类拥有几千年的历史，如今我们知道人类的历史可以追溯到几百万年前。即便是最有胆识的人，如18世纪著名的博物学家布丰伯爵，也不敢轻易追溯地球起源的年代。这轻微的眩晕染上了些许悲伤的色彩。事实上，要等到史前史进入尾声，等到不久前仍生活在地球上的过非定居生活的狩猎-采集者们（在北美、澳大利亚、巴塔哥尼亚、非洲大陆上的广袤区域）都被分配了房屋，或者彻底销声匿迹之时，我们才能意识到往日已不复存在，成了对所有人而言都彻底结束了的过去。曾经，他们尚没有失去活力，是这段过去的直接继承人，是不久前仍生机勃勃的社会的主体。然而，过去的几个世纪里，当代世界已经把这些社会制成了标本。可是我们并不能回到过去，只能向前看，沿着时间继续前行。

我们从这段漫长的历史中获得的教训难道只是人类的现在并非一朝一夕之

功？到目前为止，每逢有人问我作为史前史学家，会如何展望人类的未来（好像我对那段蛮荒时代的研究赋予了我回答这类问题的合理性），我都会不动声色地转换话题。不过这一次，让我们用轻松的方式勾勒出问题的答案。面对即将抵达的未来，我们能从史前史中学到些什么？我第一个想到的就是，研究智人在过去10万年里的迅速扩张能让我们展望这种扩张在未来会如何发展，前提是这种扩张不会中断。纵然伴随着很多间歇、停滞甚至倒退，扩张的趋势还是让人类遍及世界各个角落。那么如今，情况又如何呢？我们的世界已经人满为患，一旦达到极限，人类又将向何处发展？面对宇宙，我们是否又将迎来一场伟大的冒险，就像过去曾经面对的那样？很多人会说：不，现阶段人类的科技发展水平尚不足以支撑我们考虑太空殖民或者海底殖民的计划。另外，这么做又有什么好处呢？在我看来，史前史教会我们的是，无论这些说法多么有道理，它们全都老套过时了，因为宇宙一直存在于我们的想象之中，至少近百年来，人类梦想着征服月球，梦想着征服遥远的星辰，梦想着征服宇宙。许多伟大的冒险就此诞生：我们一路上会遇到大鼻子情圣、丁丁、汉·索罗、汤姆上校，更不用说小王子了。除了这些虚构人物，很多真实的人物亦为此做出了贡献，加加林和阿姆斯特朗便是其中的代表。征服宇宙一直存在于我们的想象之中，长久以来，我们总是在梦中触碰星星，宇航员是我们内心深处的英雄。神话已经谱写，从某种程度上说，人类已经栖息在宇宙之中。对我来说这就是前提。人类出发征

“我们的世界已经人满为患，一旦达到极限，人类又将向何处发展？面对宇宙，我们是否又将迎来一场伟大的冒险，就像过去曾经面对的那样？”

服宇宙不需要任何其他理由来解释，比如人口压力什么的，没有什么能够阻挡想象力的召唤。

我们在技术方面的确存在不少欠缺：我们有大型运输器具所需的发动机和燃料了吗？我们懂得如何制造能自我再生的人工大气层了吗？……不过，我们已经掌握了一项关键技术，那就是远程通信。我们每天都在使用远程通信设备，这让远在塔斯马尼亚岛的你能联系上祖母，这样，她就能给你看她最近做的苹果派——汁水四溢，饱含深情。这项技术也已经运用到登陆火星或其他星球的任务中了。今后，我们日常使用的通信设备将不再受到距离束缚。有了想象力和虚拟通信，其他技术无论多么复杂，可能都无足轻重了。最重要的是，在我们毫无察觉的情况下，一种意识形态正在形成——为太空之旅准备需要的社交准则。这究竟会从何时开始？坦率地说，我并不知道。身为史前史学家的我，很容易让自己躲在人类千百年积累的技术发明之后。不管怎么说，我们祖先的征程就摆在前面，我们注定要踏上宇宙之旅。

让我们回到有关人类自身的话题上来，即便我们从未真正与之脱离。我们对想象力和通信工具重要性的讨论暗含着身体与精神的割裂，直接受到人类史前遭遇的启发。征服甚至殖民太空，会对我们智人造成影响吗？毫无疑问，答案是肯定的。虽然我并不知道会造成哪些影响，但是，当我们开始大规模地把人类送往太空的时候，无论出于何种目的，参与漫漫征程的候选人的精神特征和身体素质都将显示出一定程度的变化。也只有这样，我们才能看出，智人想前往其他星球需要哪些特质。今后，对宇航员的筛

“征服甚至殖民太空，会对我们智人造成影响吗？”

选将建立在这些新的标准上。而我们刚刚回顾的史前史则向我们展示，无论这会在人类行为和生理层面上造成何种影响，人类都要把命运掌握在自己手中。自古皆然。

总之，命运的齿轮开始转动，更确切地说，仍将继续

在结束之前，让我们驻足片刻，凝望天上的星星，最后一次翻转时空之镜。星星闪着光，一下接着一下，永不止歇。于是，当有人仰望天空，对我们说："你瞧这颗星星发出的光。在我们看见这光之前，它已经死了很久了。"我们便能联想到肖维岩洞、拉斯科洞窟或是其他洞穴里的岩画。这并不只是一种隐喻。光在宇宙之中按自己的节奏穿梭，正如思想缓慢潜进创作了这些图画的人类的大脑中。这些画作讲述着我们的故事，甚至在我们——21世纪的智人诞生之前就已经开始了。

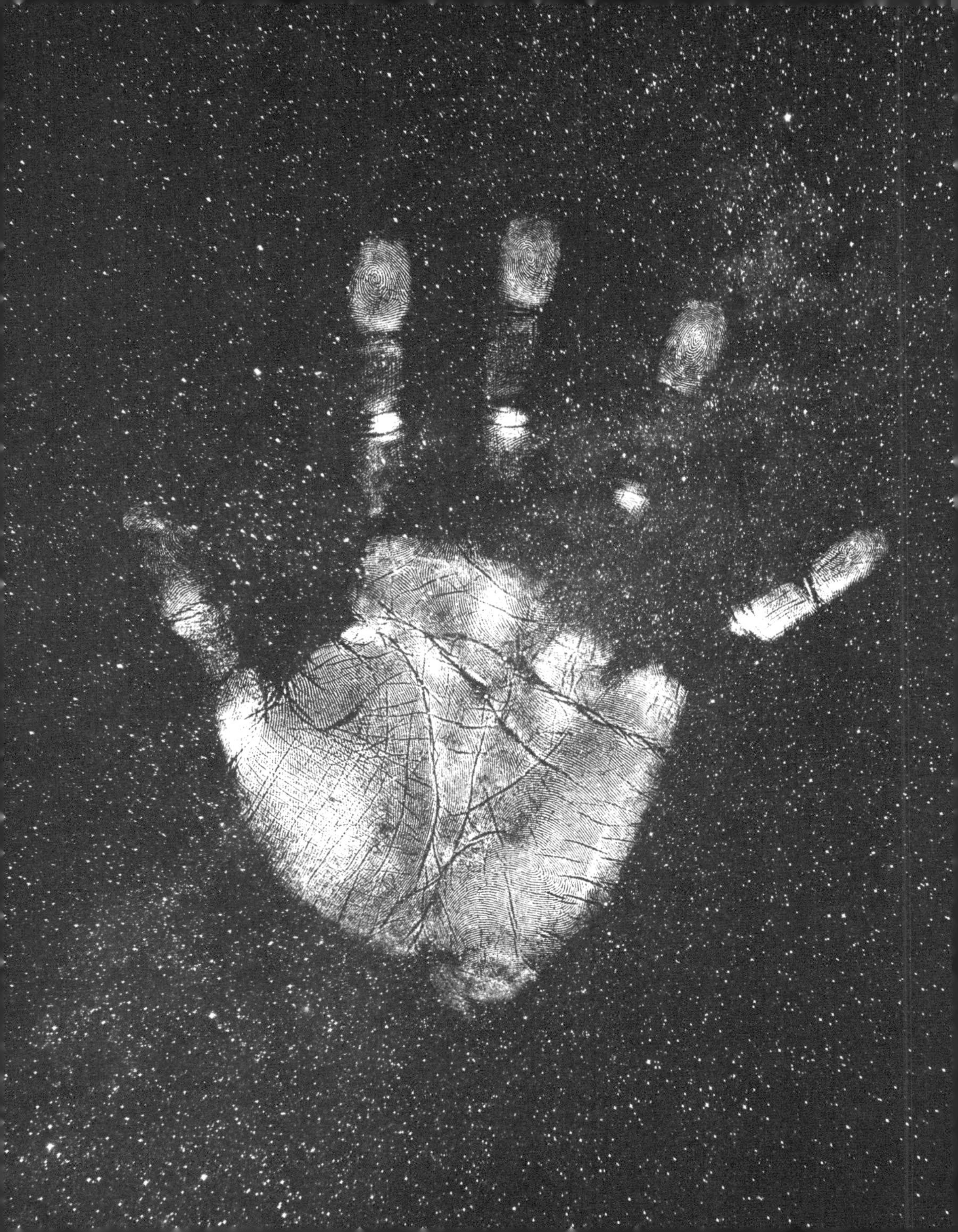

参考书目

BON François, 2009, *Préhistoire. La fabrique de l'homme*. Paris, Seuil « l'Univers historique », 349 p.

CLOTTES Jean (dir.), 2010, *La France préhistorique. Un essai d'histoire*, Paris, Gallimard, 574 p.

COYE Noël, 2000, *La préhistoire en parole et en acte : méthodes et enjeux de la pratique archéologique, 1830-1950*, Paris, L'Harmattan, « Histoire des sciences humaines », 352 p.

DE BEAUNE Sophie A. (dir.), 2013, *Chasseurs-cueilleurs*, Paris, CNRS Éditions, « Biblis », 296 p.

DEMOULE Jean-Paul, 2017, *Le Néolithique. À l'origine du monde contemporain*, Paris, La Documentation Française, « Documentation photographique », 64 p.

DEMOULE Jean-Paul, 2017, *Les dix millénaires oubliés qui ont fait l'histoire. Quand on inventa l'agriculture, la guerre et les chefs*, Paris, Fayard, 318 p.

FRITZ Carole (dir.), 2017, *L'art de la Préhistoire*, Paris, Citadelles & Mazenod, 626 p.

GUY Emmanuel, 2011, *Préhistoire du sentiment artistique. L'invention du style il y a 20 000 ans*, Paris, Presses du Réel, 196 p.

HUBLIN Jean-Jacques et SEYTRE Bernard, 2011, *Quand d'autres hommes peuplaient la Terre, nouveaux regards sur nos origines*, Paris, Flammarion, « Champs sciences », 268 p.

JAUBERT Jacques, 2011, *Préhistoire de la France*, Confluences, 126 p.

STRINGER Christopher, 2012, *Survivants. Pourquoi nous sommes les humains sur terre*, Paris, Gallimard, « NRF essais », 466 p.

TEYSSANDIER Nicolas et THIEBAULT Stéphanie (dir.), 2018, *Pré-histoires, la conquête des territoires*, Paris, Cherche Midi, 184 p.

TILLIER Anne-Marie, 2013, *L'Homme et la mort*, Paris, CNRS Éditions, « Biblis », 188 p.

VALENTIN Boris, 2010, *Le Paléolithique*, Paris, PUF, « Que sais-je ? », 127 p.